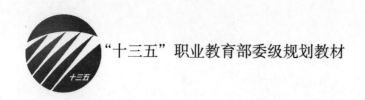

"十三五"职业教育部委级规划教材

立体裁剪实训教材

（第 3 版）

刘锋　卢致文　孙云　编著

U0286074

中国纺织出版社有限公司 ｜ 国家一级出版社
全国百佳图书出版单位

内 容 提 要

立体裁剪是服装专业的一门必修课程，是注重实训的课程。本书共 20 单元，每单元 4 课时。第一～第九单元为基本操作部分，第十～第二十单元为成衣实例设计部分。基本操作部分重在基础手法的细节说明与规范要求，包括原型的立体裁剪、基本塑型方法的操作过程与要求、局部造型的操作方法与变化技法；成衣实例设计部分强调对局部造型的综合应用，包括上装、半身裙、连衣裙、礼服裙、表演服等立体设计的全过程，还包括面料的二次设计与应用。附录涵盖针插的缝制、手臂的缝制和局部装饰的制作。随书附赠二维码网络教学资源，真实直观。

全书内容完整，款式新颖，特点突出，可操作性强。本书可作为服装专业大专院校的专业教材，也适用于广大服装设计人员和技术人员阅读参考。

图书在版编目（CIP）数据

立体裁剪实训教材 / 刘锋，卢致文，孙云编著 .—
3 版 .—北京：中国纺织出版社有限公司，2019.8（2024.7重印）
"十三五"职业教育部委级规划教材
ISBN 978-7-5180-5930-0

Ⅰ . ①立…　Ⅱ . ①刘…②卢…③孙…　Ⅲ . ①立体裁
剪—高等职业教育—教材　Ⅳ . ① TS941.631

中国版本图书馆 CIP 数据核字（2019）第 106156 号

责任编辑：张晓芳　责任校对：王花妮　责任印制：何 建

中国纺织出版社有限公司出版发行
地址：北京市朝阳区百子湾东里 A407 号楼　邮政编码：100124
销售电话：010—67004422　传真：010—87155801
http：//www.c-textilep.com
中国纺织出版社天猫旗舰店
官方微博 http：//weibo.com/2119887771
三河市宏盛印务有限公司印刷　各地新华书店经销
2008 年 11 月第 1 版　2012 年 5 月第 2 版
2019 年 8 月第 3 版　2024 年 7 月第 7 次印刷
开本：787×1092　1/16　印张：20.25
字数：278 千字　定价：59.80 元

第 3 版前言

本书第 1 版作为"十一五"部委级规划教材，于 2008 年 11 月出版，得到了各方面的认可，被评为部委级优秀教材；第 2 版作为"十二五"部委级规划教材，于 2012 年 5 月出版，也得到了广大师生的认可。

近年来，立体裁剪技术的发展与应用普及化，深受业内及院校的重视，各个层次的全国性立体裁剪比赛越来越受到关注，企业对专业技术人才专业技能的要求也有所变化。本书第 3 版结合当前职业教育培养目标，综合教学实践中的反馈意见，在基本保持原有编写思路、突出可操作性的基础上，分别对基本操作及理论、成衣设计两大部分分别做了修订。

第一~第九单元为基本操作部分，重新整合了原有基本内容，突出理论的指导性，并设置相应的操作实例，体现理论与实践的一致性；编排的顺序由简单到复杂，循序渐进；保持原有的编写风格，操作说明力求详尽、规范。

第十~第二十单元为成衣设计部分，更新了部分上衣、裙装、礼服等五个款式，新颖的款式结合了时尚，丰富了各部分的造型设计。面料的二次设计近几年越来越受到重视，已经成为服装后期设计的主要手段之一，因此将这部分内容由原来的一节扩大为一个单元（第十四单元），总结了常用的成型方法，并辅以实例加以说明，使内容更加完善。另外，为体现立体裁剪的创新性，增加第二十单元的"创意服装立体裁剪"，包括结构性创意实例和材料性创意实例。

本教材由太原理工大学教师编写，刘锋任主编，卢致文、孙云参与编写。其中第一、第二、第三、第十一、第十二、第十三、第十四单元由刘锋编写；第四、第五、第六、第七、第八、第九、第十单元由卢致文编写；第十五、第十六、第十七、第十八、第十九、第二十单元、附录由孙云编写。本书可作为大专院校的专业教材，也适用于广大服装从业人员和爱好自学。

本书编写过程中参考了许多著作、论文及网络资料与图片，在此一并向作者表示感谢。

由于编者水平有限，教材中难免有疏漏和不妥之处，敬请批评指正。

编著者

2019 年 2 月

第2版前言

本书作为"十一五"规划教材，得到了各方面的认可，被评为部委级优秀教材。现作为"十二五"规划教材继续出版，结合新的职业教育形势，综合教学实践中的反馈意见，在基本保持原有编写思路、突出可操作性的基础上，对基本操作和成衣设计两大部分分别进行了修订。

第一～第十一单元为基本操作部分。在保留原有内容基础上，对部分内容进行了补充说明，进一步强调面料纱向在立体裁剪中的重要性；操作说明力求详尽，增强对规范操作的指导性，注重理论与实践的紧密结合。第二单元调整了节次顺序，"裙片原型立体裁剪"由第三节调至第一节，从相对简单的裙装原型入手，便于基本操作方法的掌握，逐步深入，编排更科学、合理。第十一单元"特殊造型立体裁剪"为新增内容，主要介绍了简单几何形的塑型规律，面料的二次设计与应用，立体裁剪中常见的局部特殊造型的塑造方法，内容更加完善。

第十二～第二十单元为成衣设计部分。更新了上装、连衣裙、小礼服三个款式，重在保持款式的新颖性，体现立体裁剪的意义，引导学生通过款式分析，正确选择和运用立体裁剪的方法与技巧，平面与立体相结合，实现技术与艺术的融合。编排次序由易到难，体现了内容的渐进性与系统性。为保证总课时不变，成衣实例设计部分删减了"晚礼服立体裁剪"单元。

为延续款式拓展的思路，二维码数字资源中新加了学生习作，包括局部练习和成衣设计作品。另外还增加了设计实例欣赏，包括成衣、礼服、表演服设计作品。

本教材由刘锋主编，卢致文、孙云参与编写。第一～第四单元、第十二～第十五单元及附录由刘锋编写；第五～第十一单元及第十六单元由卢致文编写；第十七～第二十单元由孙云编写。本书可作为大专院校的专业教材，也适用于广大服装从业人员和爱好者自学。

本书编写过程中，参考了许多著作、论文及网络资料与图片，在此一并表示感谢。

由于编者水平有限，教材中难免有疏漏和不妥之处，敬请批评指正。

编著者
2011 年 11 月

第 1 版前言

　　立体裁剪是服装设计的一门专业课程，根据设计的效果图，直接用布料在人台（人体模型）上造型，进而获得服装平面结构。

　　本教材属实训类教材，前十单元是基本操作部分，后十单元是成衣实例设计部分。基本操作部分重在基础手法的细节说明与规范要求，包括原型的立体裁剪、基本造型方法的操作过程与要求，局部造型的操作方法与变化技法主要从技术层面进行详尽的讲解，目的是提高操作技能。成衣实例设计部分强调对局部造型的综合应用，包括上衣、裙装、连衣裙、礼服等立体设计的全过程，旨在说明立体造型技法及其规律在设计中的应用，并力求融入人性化设计理念，体现现代设计意识，提升立体裁剪的艺术性。全书编写力求达到内容完整，款式新颖，特点突出，可操作性强。

　　本教材由刘锋任主编，卢致文、孙云参与编写。第一、第二、第三、第四、第十一、第十二、第十三、第十四单元由刘锋编写；第五、第六、第七、第八、第九、第十、第十五单元由卢致文编写；第十六、第十七、第十八、第十九、第二十单元由孙云编写。本书可作为大专院校的专业教材，也适用于广大服装从业人员和爱好者自学。

　　由于编者水平有限，教材中难免有疏漏和不妥之处，敬请批评指正。

编著者

2008 年 8 月

《立体裁剪实训教材（第3版）》教学内容及课时安排

单元 / 课时	课程性质 / 课时	节	课程内容
第一单元 （4课时）	基础理论		·立体裁剪概述
		一	立体裁剪基础知识
		二	立体裁剪常用工具及材料
		三	立体裁剪操作过程
		四	人台相关知识
第二单元 （4课时）	专业知识及 专业技能		·原型立体裁剪
		一	裙片原型立体裁剪
		二	衣片原型立体裁剪
		三	袖片原型立体裁剪
第三单元 （4课时）			·立体裁剪塑型基础
		一	立体裁剪塑型方法
		二	平面几何形塑型
		三	服装材料的造型特征
第四单元 （4课时）			·衣片的立体裁剪（一）
		一	收省式衣片立体裁剪
		二	分片式衣片立体裁剪
第五单元 （4课时）			·衣片的立体裁剪（二）
		一	叠裥式衣片立体裁剪
		二	出褶式衣片立体裁剪
第六单元 （4课时）			·领的立体裁剪（一）
		一	无领造型立体裁剪
		二	立领造型立体裁剪
		三	翻领造型立体裁剪
第七单元 （4课时）			·领的立体裁剪（二）
		一	平领造型立体裁剪
		二	驳领造型立体裁剪
		三	花式领造型立体裁剪
第八单元 （4课时）			·袖的立体裁剪（一）
		一	方袖窿立体裁剪
		二	两片袖立体裁剪
		三	连身类袖型立体裁剪
第九单元 （4课时）			袖的立体裁剪（二）
		一	泡泡袖立体裁剪
		二	花瓣袖立体裁剪
		三	宽肩袖立体裁剪

续表

单元／课时	课程性质／课时	节	课程内容
第十单元 （4课时）			·上装立体裁剪
		一	花式领上装立体裁剪
		二	小立领衬衫立体裁剪
		三	连身立领上装立体裁剪
第十一单元 （4课时）			·半身裙立体裁剪（一）
		一	低腰育克暗裥裙立体裁剪
		二	圆裙立体裁剪
		三	鱼尾裙立体裁剪
第十二单元 （4课时）			·半身裙立体裁剪（二）
		一	弧形裥裹裙立体裁剪
		二	辐射裥裙立体裁剪
		三	抽褶波浪裙立体裁剪
第十三单元 （4课时）			·连衣裙立体裁剪
		一	旗袍立体裁剪
		二	腰线分割式连衣裙立体裁剪
第十四单元 （4课时）	专业知识及 专业技能		·面料的二次设计与应用
		一	面料的缩聚设计与应用
		二	面料的附加设计与应用
		三	面料的破拆设计与应用
第十五单元 （4课时）			·花瓣礼服裙立体裁剪
第十六单元 （4课时）			·立裥造型礼服裙立体裁剪
第十七单元 （4课时）			·环肩公主裙立体裁剪
第十八单元 （4课时）			·曳地式婚礼服立体裁剪
第十九单元 （4课时）			·立领褶饰造型表演服立体裁剪
第二十单元 （4课时）			·创意服装立体裁剪
		一	整片式服装立体裁剪
		二	其他材料的应用

注 各院校可根据自身的教学特点和教学计划对课程时数进行调整。

目录

基础理论——

立体裁剪概述

课程名称： 立体裁剪概述

课程内容： 1. 立体裁剪基础知识

　　　　　　2. 立体裁剪常用工具及材料

　　　　　　3. 立体裁剪操作过程

　　　　　　4. 人台相关知识

上课时数： 4 课时

教学提示： 本单元介绍关于立体裁剪的基础知识，可以结合服装史讲解，使学生具有感观认识。立体裁剪需要的知识基础必须强调，其应用贯穿全书，是学生掌握立体裁剪的基础。面料的准备与大头针的使用方法作为操作的起步，一定要规范。人台标记带贴附的准确性关系到造型的平衡与稳定，需要高度重视。要学好立体裁剪，必须打好基础，引导学生不可急于求成。

教学要求： 1. 使学生了解立体裁剪的特点。

　　　　　　2. 使学生了解相关的基础知识。

　　　　　　3. 使学生熟悉常用工具，重点是大头针的使用方法。

　　　　　　4. 使学生掌握整理面料的方法。

　　　　　　5. 使学生明确贴附标记带的要求，并能准确操作。

第一单元　立体裁剪概述

【准备】

一、材料准备

平纹白坯布，50cm×50cm；标记带一盘。

二、工具准备

1. 所需工具

熨斗、软尺、方格尺、曲线尺、剪刀、大头针及针插、铅笔、彩色铅笔、描线器等。

2. 人台准备

半身标准人台，型号自选，本书选用胸围为84cm的人台。

第一节　立体裁剪基础知识

立体裁剪是将面料直接披覆于人体模型（人台）表面进行服装塑型的一种方法，因其直观、富于变化、能够直接表达设计者意图等特点，已经为世界各地的服装设计者广泛使用。但立体裁剪并不是伴随服装出现就形成的。

一、立体裁剪的形成及发展

最早的服装只是将面料直接固定或缠绕于人体，以达到蔽体与装饰的目的。这类服装只有必要的穿脱结构，而没有考虑人的体型，所以不存在结构分解，也无须裁剪，如古希腊的基同和古罗马的托嘎。这是服装发展的非成型阶段。

随着服装文化的发展和各地间相互渗透，服装造型渐趋合体，但也只是利用一些简单的平面裁剪（直线式分割结构）来塑造较为合体的造型，如哥特时期的考特。这是服装造型发展的半成型阶段。

推进到中世纪文艺复兴时期，欧洲服装首先脱离了古代文明的平面造型模式，出现了强调人体立体感的服装造型——突出胸部、收紧腰身，拉开了服装造型成型阶段的序幕。这类造型正是基于人体直接塑造而成，也就形成了最早期的立体裁剪。

经过巴洛克、洛可可时代至近代，立体裁剪工艺逐步提高完善，直至现代，科技水平大大提高，立体裁剪工具的改进和材料的更新，使这种方法日渐成熟。众多名师不断创造出各具特色的优美造型，令人叹服。只是现代的立体裁剪并不仅仅是人台上的直接操作，还包括运用一定的平面技术进行调整与修正，这两者的有机结合使得立体造型更趋完美。

二、服装结构设计的两种方法

从日常生活中我们知道，任何立体表面都可以经过合理分解，转换为多个形状不一定相同的平面。换言之，将一些特定的平面形状有序地连接组合，便可以塑造成一定的立体造型。

服装可以看做人体这个复杂多面体的表面，其所需材料又是平面的，所以必然经过平面组合而成型。不同造型需要不同的平面，不同平面组合成不同的造型。平面形状及大小决定立体造型。当设计师需要特定的造型时，与之对应的平面是必须明确的，确定这些平面也正是服装结构设计的内容与目的。

为得到准确而可靠的平面，结构设计中常用的方法有两种，一种是平面裁剪法，另一种是立体裁剪法。这两种方法目的相同，区别在于操作顺序的不同。平面裁剪法是在审视效果图的基础上，凭借一定的服装平面知识与经验，直接给出平面图，进而成型，进行立体检验确认，对比效果图进行修正；立体裁剪法则是模仿效果图，直接用布料在人体（人台）上塑型，完成造型后将各个成型部分还原为平面裁片，拷贝后即得到平面图。这两种方法各有所长，但不是泾渭分明的，而是平面中有立体，立体中也不能缺少平面。

（一）立体裁剪相对于平面裁剪的优势

1. 准确

直接以人体为基础进行塑型，可以准确把握造型，达到设计要求。

2. 直观

塑型过程可谓"立竿见影"，便于设计者充分表达创意，可以根据效果随时调整造型、比例与松量，在创作中不断引发设计灵感，体会特殊效果的微妙变化，而且设计师会很有成就感。

3. 便于把握复杂造型

对于一些夸张、复杂或不对称造型的处理，立体裁剪法更容易实现。

4. 帮助树立造型观念

通过立体裁剪得到平面图，可以帮助认识、理解人体，建立立体与平面间的对应关系，体会"造型决定结构"的服装技术理念，积累平面结构设计经验，培养对设计线造型与比例的良好感觉。

（二）立体裁剪相对平面裁剪的劣势

1. 对操作者要求高

立体裁剪时要求操作者具备相应的设计能力和平面结构知识基础，熟练掌握各种操作方法与技巧，初学者难以胜任。

2. 操作过程复杂

不同部位、不同造型需要不同的处理方法，每一部分用料纱向及大头针的固定方法都很讲究，各部分都必须细致操作，否则会因操作不当而影响效果，且得到的平面图需经过较多程序、较长时间。

3. 操作条件要求高

一般情况下，要做好立体裁剪，需要标准的人台和较大量的坯布以及一些专用工具和材料，成本较高。

相比之下，当成品造型复杂且要求高时以立体裁剪法为主，当成品为常见造型时多以平面裁剪法为主，在很多情况下，需要两者综合完成塑型。

三、立体裁剪需要的知识基础

立体裁剪是基于人体的立体造型方法，不仅需要设计的灵感、造型的美感等艺术基础，还要求服装适合人体、美化人体，因此需要一定的服装专业知识基础。

（一）认识理解人体

要使服装造型适合人体，必须首先了解人体结构特征。人体是一个复杂的多面立体，需要将其合理分解为多个小的平面，面与面之间的分界线便是人体特征线，线与线的交点便是人体特征点，那么基于人体特征点与线的曲面分割是最合理的分解，这些点与线也就成为立体裁剪中选择结构线位置的重要依据。

（二）合理分配服装放松量

服装相对于人体需要一定松量，这是人体基本活动的需要，也是一定造型的需要。但放松量在各部位分配量的不同，将对造型产生影响。把握好放松量的分配，使服装更具立体感，这也正是高品质服装的结构技术核心。放松量分配的总原则为：相比人体表面，转折部位所占比例大，活动部位所占比例大。

（三）注意面料的纱向

面料纱向很大程度上决定面料的特性，如垂感、光泽等，而这些特性也直接影响成品的效果。一般情况下，立体裁剪时裁片的经纱方向与人台纵向中心方向一致，以保证衣片的对称平衡，使造型均匀。为保证纱向的准确，立体裁剪中所有用料需要撕取。

服装是立体的，要实现其最佳效果就需要用立体裁剪。立体裁剪的世界是丰富多彩的，而且是井然有序的。只要遵从其规律，就可以尽情地发挥想象力，创造出无穷无尽的、美的立体造型。

第二节 立体裁剪常用工具及材料

立体裁剪需要一些专用的材料和工具（图1-1），下面分别说明使用方法及要求。

一、立体裁剪前需要准备的材料

立体裁剪需要用到的材料有以下几种：

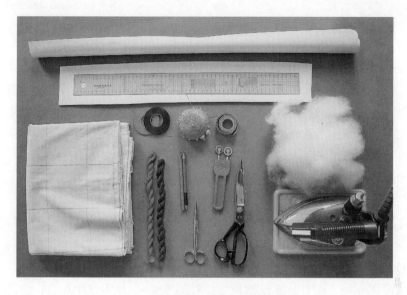

图 1-1 立体裁剪常用工具及材料

1. 面料

为降低成本，一般采用平纹本白色棉坯布，棉布的纱支数在 15 ~ 30tex，以便适应实际用料不同厚度的需求。特别强调应选择平纹织物，若选择专用色织方格（10cm×10cm）坯布则更为理想，可以清晰地看到面料纱向，保证成衣效果。如果实际用料极薄或是针织类面料，立体裁剪时应该准备相类似的面料。

2. 棉花

主要用来填充人台的手臂和针插，另外在补正体型或满足设计需要、突出某一部位时也要用到。

3. 标记带

在进行立体裁剪前，应该在人台的某些特殊位置贴附标记，需要专用的色胶带；也可用棉质织带代替，但固定时需要专用大头针，不如胶带方便。为了醒目，标记带要与人台颜色有明显区别，使人台覆盖布料后仍能清楚地看到其位置。如人台为白色时，一般选择红色或黑色标记带。标记位置往往多为曲面，因此标记带不宜过宽、过厚，一般宽度为 0.3 ~ 0.4cm。

4. 绘图纸

立体裁剪是直接用面料在人台上操作，取得衣片轮廓及内部结构线，但每个衣片都需要拷贝到绘图纸上制成样板，以便实际裁剪时使用，所以绘图纸也是不可缺少的。

5. 棉线

有色粗棉线，缝在面料上做纱向标记，最好选用醒目的颜色，如红色、蓝色等。如果使用色织专用方格棉布（面料上已经有明确的纱向线），则无须做纱向标记。

二、立体裁剪常用工具

1. 人台

人台是静态的服装载体，立体裁剪时需根据设计要求适当选择。

2. 熨斗

立体裁剪用的面料要求平整，经纬纱向正直，所以在使用前必须进行整烫。为防止面料缩水变形或变硬，一般不宜使用蒸汽或加水，应该用熨斗以合适的温度干烫。

3. 尺类

（1）软尺（皮尺）。一般操作中需要准确定位或有对称性等要求时，需要使用软尺测量。另外，软尺末端卷起并加吊重物，还可用来确定铅垂方向（相当于重锤）。

（2）方格尺。即打板尺，衣片确定后，用来修正衣片样板轮廓线。

（3）曲线尺。用于准确画出某些部位的曲线轮廓。

4. 剪刀

准备一把适用的大剪刀非常必要，立体裁剪中经常需要修剪。另外，还需要一把便于剪纸和线头的小剪刀。

5. 大头针及针插

立体裁剪使用专用大头针，不锈钢材质，长约 3.5cm，直径约 0.05cm。操作时需要大量的大头针，操作前插在针插上。针插一般套于左手手腕上，方便随时取用。针插可以自己制作，具体方法见附录一。

6. 铅笔

普通铅笔用来绘制样板，彩色铅笔用于操作中做标记或在面料上画线。

7. 描线器

拷贝确认后的衣片轮廓需用描线器。描线器有尖齿和圆齿两种，为保护拷贝样，由纸样拷贝布样时用尖齿描线器，由布样拷贝纸样时用圆齿描线器。

三、大头针的使用方法

立体裁剪中大头针是必不可少的，衣片与人台的固定、衣片间的连接、省的叠合、特殊部位的标记等都要用到。

（一）用针的基本原则

正确使用大头针，是进行立体裁剪的一项基本要求。不正确或不恰当的别针方法不仅影响造型效果，还会影响效率。用针的基本原则是连接平服牢固，方便操作，不影响造型。

首先，要做到疏密得当。直线部位用针间隔较大（5～6cm），弧线部位稍密（约3cm），但间距都应保持相对均匀，否则会干扰造型线。

其次，要根据部位和造型的不同，选择适当的别针方法。

（二）点固定

立体裁剪操作时，首先需要将面料按照一定的纱向要求与人台在关键点处固定。常用的方法为 V 形固定，即将两个大头针以一定角度在相邻的点位入针，斜向插入半个针长（图1-2）。这样固定后，布料上下左右都不会发生位移。如果需要临时固定，也可以采用单针斜向插入的方法，但只能保证布料单方向的稳定，由于操作方便，造型过程中也经常用到。

操作时，一般先进行前、后中线的固定，只需要进行右半部分的立体裁剪时，固定点应该在中线左侧 1 ~ 2cm 处，以保持中线处衣片与人台间留有松量，与实际着装状态相符。需要左右片连裁时，固定位置在中线标记带左侧或右侧任选。其他轮廓线位置的固定选择轮廓线交点内角处为宜，以方便后续的修剪。图 1-2 所示为前中线上的点固定，位置距前中线 1 ~ 2cm（前中线要求），颈根围线下 1cm（轮廓线要求，不妨碍修剪领口）。

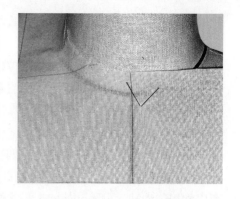

图 1-2　衣片前中线上点固定

任何位置的固定，操作时入针位都应该避开标记带。一般情况下不允许将全针垂直插入人台，此法固定后布料与人台贴合紧密，失去松量空间，与实际穿着状态不符。服装与人体间相对稳定的位置关系不能依靠大头针来保证，而是结构设计中应该考虑的。

（三）别合方法

立体裁剪时，常用的裁片连接针法有四种，如图 1-3 所示。每种方法都要求由净线位（止口）入针，入针距离不宜过大，为 0.3 ~ 0.5cm，针尖露出部分控制在 0.5cm 左右，即大头针的利用长度约为总长的 $\frac{1}{3}$，这样既能保证布料平服，又可提高效率。

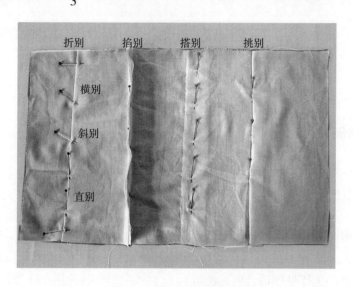

图 1-3　大头针的别合方法

1. 折别法

将造型线一侧衣片的缝份折叠后，压在另一衣片净缝线上用针挑缝，针的每次出入都穿透三层布料。该针法使折边形成的分割线露于表面，可以很容易地判断该线条是否准确美观，且方便调整。这种针法别合后可带针试穿，折边线即为最终缝合位置，是立体裁剪最常用的一种方法。根据针与止口形成角度的不同，又分为直别、斜别、横别三种情况。

2. 掐别法

多用于临时固定，操作时将两层布料用手指尖掐起，留出需要的松量后用大头针固定。

针的每次出入都穿透两层布料，针的位置即为最终缝合位置。例如肩缝、省的临时固定。

3. 搭别法

两衣片重叠在一起，在重叠部位大头针固定，针的每次出入都穿透两层布料。该针法连接平服，最终缝合位置可确定在两层布料搭接的任何位置。例如领下口与衣片领口的固定。

4. 挑别法

操作时，由一片布料的折边上入针、出针，然后针尖挑透另一片布料，再穿回到开始入针的布料折边上，连续出入三次到四次。这种别合方法类似于手针的串缝针法，针的每次出入都只穿透一层布料，别合表面看不到针杆。该针法适用于不等量连接，可随时调整吃量，所以常用于绱袖。出入针处即为最终缝合位置。

此处特别强调：四种针法都作为连接针法，所以不能别在人台上。一般为安全起见，无论采用哪种别法，针尖都应尽量朝下。

（四）应用

实际操作时，应根据连接部位的要求选择合适的别针方法，使用最多的是折别法。一般情况下，折别的起始针与结束针应该在净缝线处，且与轮廓线平行；中间针要求方向一致，间距均匀。当别合区域较大时，需要先别合中间对位点，再分别向两端捋顺后横别轮廓线起点与终点，确认各区域对应线等长、轮廓线顺直后，再等间距平行别合。

第三节　立体裁剪操作过程

一、操作过程

（一）立体裁剪准备

1. 所需工具及材料

所需工具及材料的准备参见第二节。

2. 款式图

准确反映人体比例的款式图，要求结构清晰，符合穿着要求。

3. 选择人台

根据款式需要，选择号型适合的标准人台，本书中操作时选用384型的标准人台。为方便操作，人台特征部位应该贴附标记带。

（二）实际操作

1. 结构线定位

根据款式要求，在有结构线的位置（如分割线、省等）贴附标记带，以便操作时准确处理。

2. 立体裁剪

（1）取料。根据要求撕取适量面料，烫平、整方，并做好经、纬纱向标记线，备用。

（2）裁片。将面料覆于人台上，使布纹标记线与相应人台标记线重合，并在关键部位别针固定。

例如，前片有胸围线（纬向）、前中线（经向），后片有肩胛线（纬向）、后中线（经向）。保证布纹方向准确，将面料依次捋平、捋顺，留出必要的放松量后将多余部分在预定位置收省，使衣片合体。

（3）做标记。将衣片关键点（轮廓线、省等）做记号（十字标或"◎"拼接符号）。

（4）拷贝衣片样板。将衣片从人台上取下，展开平放于图板上，连接各关键点记号，得到衣片轮廓线，并适当修正不顺直部位，留足缝份后修剪掉多余部分。用描线器将衣片所有标记拷贝到图纸上，得到所需的衣片样板。

（5）检查衣片。将修正后的衣片重新别合后穿于人台上，进行整体检查，检查内容如下。

①纱向正确。每个部位都有明确的纱向要求，排除松量不适的前提下，调整省量分布使其符合要求。

②检查各部位松量。适度的松量是成衣必需的，可以自然地表现人体的比例与形态。松量过小会使局部出现抽皱，合缝不能自然合拢；松量过大会使局部出现垂坠、松褶，使布纹方向被拉（放）而不符合要求。

③造型线的顺直。各部位造型线应顺直流畅，而且强调立体状态。平面与立体的差异往往导致平面顺直而实际造型中出现问题，必须以立体效果为准进行修正。

④比例及局部设计要正确反映设计效果。整体分割比例，局部褶、省、袋等的位置、数量及造型等都应该与效果图一致。

（6）样板的确定。根据检查中的调整量相应地修正图样，拷贝到图纸上，得到准确的样板待用。

二、立体裁剪的准备

（一）面料的选择与整理

立体裁剪所用的面料在材料、组织等方面都有其特殊要求。

1. 面料的选择

立体裁剪时多用与实际面料厚度接近的本白色棉坯布或其他棉质平纹布料。常用棉布为15 ~ 30tex（40 ~ 20英支），由薄到厚对应实际面料适当选择。

立体裁剪对面料纱向使用要求很高，为保证纱向准确，多选用平纹织物。平纹织物不仅可以很清晰地看到经纬向，操作时也较容易按纱向缝入彩色标记线或画出纱向线（专用色织方格布则不需要）。

2. 纱向要求

面料的外观及垂感等特性除了与原材料有关外，还与纱向有密切关系。非弹性面料的纱向特性一般为：经纱捻度大，强度最大，弹性最小，顺经纱方向悬垂性较好，造型稳定；纬纱捻度较小，强度较差，弹性比经纱略大，顺纬纱方向垂感最差，保型性也较差。正斜向是经纬纱间45°方向，此方向面料弹性最大，保型性也最差，当设计要求既体现形体曲线又不加入省道时，通常采用正斜向纱向。

如果纱向有问题，服装穿着时会出现扭曲、松垂或拉皱现象，如下摆不齐、波浪不匀等，这些并非平常认为的结构问题。

通常需要保证经纱方向的部位有上衣的前中线、后中线（后片无拼接）、背宽线（后中拼接）、袖中线，裤子的前、后烫迹线。必须保证纬纱方向的部位有上衣的胸围线（上衣前片）、肩胛线（上衣后片），裤子的臀围线（裙、裤）等。

3. 面料的整理

立体裁剪要求面料经纬纱向垂直，一般情况下，由于织造过程中受力原因，面料都有一定程度的纬斜，所以使用前必须进行整理。

（1）去边。布边一般比较紧，影响面料的平服，所以应该将其去掉。布边两侧约2cm宽处打剪口，撕去布边（布边可留做带子或包边）。

撕去布边后，经纬向容易混淆，建议顺经纱方向画线做记号。

（2）拉直。熨斗干烫面料，先将折印烫平，观察四边是否顺直，如有凹进部位，须一手压住该部位，另一手斜向用力拉出，矫正整条边为直边，如图1-4所示。

面料四角都应为直角，如果不是直角，在两侧纬边两人顺两个钝角方向用力拉，使布边相互垂直。整理后的布边如图1-5所示。

图1-4　整布边

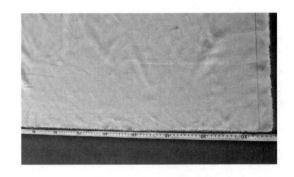

图1-5　整形后的布边

（3）推平。如图1-6、图1-7所示，将面料沿经（纬）向对折，两角分别对齐，如果面料中间出现褶皱，需要用熨斗向反方向推，直至褶皱消失，表明面料经纬向已调整好，可以使用，顺经向折叠后悬于人台备用。

图1-6　熨斗反向推褶

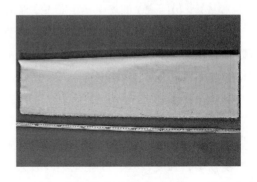

图1-7　整理好的布料

（二）标记带的使用

立体裁剪时，为便于把握造型与结构，需要在人台表面特征线的位置贴附醒目（多用红色或黑色）的专用胶带作为标记，简称贴条。

专用标记带宽度约 0.4cm，略有伸缩性，故使用时不宜拉得太紧（伸长变形），避免一定时间后因长度回缩而浮起，尤其在人台曲面部位贴附时注意留足长度。同时注意标记带也不宜留长度松量，否则会出褶，影响顺直。人台上经常需要贴附曲线，可以提前在干净的玻璃板上将直条拉伸为弧线（类似于归拔），定型一段时间后再贴于人台上，既方便操作又可保证线条圆顺。

第四节　人台相关知识

人台作为立体裁剪的首要工具，使用之前需要了解其相关知识。

一、标准人台

立体裁剪时，设计师直接在模拟人体上塑型。既然是模拟人体，那么人台就需要尽可能具备和接近人体所具有的特征，以保证立体裁剪结果的准确性。但也并不是强求人台必须与真人一样，适当的简化人体表面不仅可以降低立体裁剪的操作难度，而且有助于美的塑型，最理想的人台一般称为标准人台，如图 1-8 所示。

标准人台应该具备正确而优美的比例，进而辅助创造美的服装造型；还应该适度表达人体表面的凹凸感，但不需要很突出，以增强人台广泛的适用性。使用中，可依据流行或设计需要进行局部调整。此外，人台的表布不宜太硬或太滑，应该接近皮肤的特性——平滑而有弹性，内壳与表布间应有适当厚度的垫层，以便于插针。

图 1-8　标准人台

二、人台的分类

随着工业的发展，人台种类也不断丰富，不同性别、不同年龄、不同体型的人台已经出现，以适应不同着装主体的需求。

（一）按用途分

人台有立体裁剪用、成品检验用和陈列用（图 1-9）等种类。

（二）按主要适用服装种类分

有裸体人台和工业人台两类。裸体人台与人体相似度较高，用于制作内衣和合体型

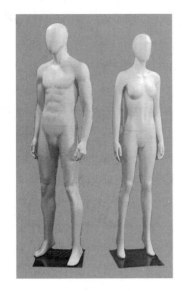

图1-9 陈列用人台

服装；工业人台主要部位已经加入一定松量，多用于进行外套的立体裁剪和成品检验，使服装立体效果更接近实际穿着状态。

（三）按部位分

1. 全身式人台

可用于各类服装的立体裁剪，但价格昂贵，不适合教学和普通生产用。

2. 连身式人台

带有局部下肢，可用于各类服装的立体裁剪，与全身式人台相比价格较低，可用于教学和普通生产，如图1-10所示。

3. 半身式人台

不带下肢部分，是最常用的一类，可用于上衣、连衣裙、半身裙等的立体裁剪，如图1-11所示。

（四）按性别、年龄分

有男体人台、女体人台和童体人台，如图1-11所示。

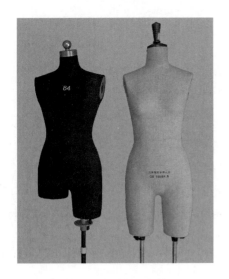

图1-10 连身式人台

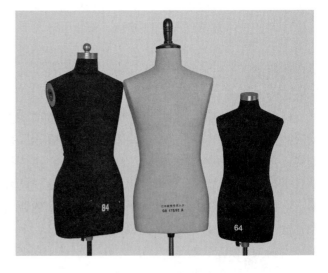

图1-11 半身式人台

（五）按比例分

实际操作使用的大多都是1:1人台，为服装设计课程教学方便，院校也用1:2小人台（图1-12）供学生练习造型、启发设计灵感、检验设计的可行性等。

另外，不同国家或地区、各民族的人体体型特征也各不相同，所以各地都有本地区人群的适用人台，各国都在研究开发更适用的人台。我国虽然人台工业起步较晚，但近年来发展进步显著。

三、人台准备

为操作准确方便，人台在使用之前应该做好相关准备工作，包括标记带的贴附、手臂的缝制（参见附录二）及体型补正等。

（一）贴附标记带

人台有不同型号，使用时应该根据需要适当选用。人台高度一般以与操作者肩部同高为宜。人台使用中应保持竖直和稳固，避免因标记带错位而导致裁片变形。标记带作为衣片结构线定位的依据，应该与人体表面特征线一致。具体操作方法如下：

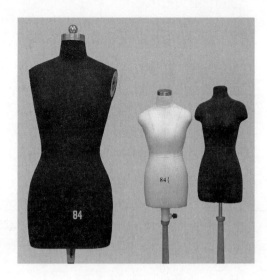

图1-12 1∶2小人台

1. 颈前、后中点定位

分别在人台前、后肩部水平量取颈前中点FNP、颈后中点BNP，并用大头针记录准确位置，如图1-13、图1-14所示。

图1-13 定位颈前中点

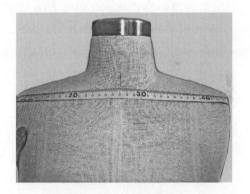

图1-14 定位颈后中点

2. 前、后中线定位

如图1-15所示，确认支架及人台底面稳固且水平后（也可以将人台置于水平桌面上），将皮尺下端加重物（重锤），上端对齐FNP固定，皮尺自然垂下即为前中线，用大头针记录垂线位置；用同样方法确定后中线位置。特别注意，操作者应正对前中线标记线，具体要求是操作者正面与人台标记带所处面平行，且标记带与操作者前中线所在的纵向面与操作者正面垂直，如图1-16所示。对于人台上某一纵向线，操作者正对的位置是唯一的，而且不同位置的纵向线，具有不同的正对方位。只有处在正对方位观察，标记带才是竖直线。

3. 贴附前、后中线

先从卷盘上拉出约20cm标记带（过长易绞缠），左手比齐记号将标记带轻贴于人体表面，右手继续少量放出标记带，左手跟进确定标记带走向。注意，右手不宜用力拉紧标记带。退后1m正面观察人台，如果需要局部调整，用大头针插入标记带下，上下滑动理顺；确认无

图 1-15　确定前中线

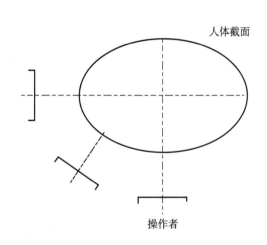

图 1-16　正对方位示意图

误后，用手指将标记带压实，尤其是腰部，如图 1-17 所示。同样方法贴附后中线标记带。前、后中线确定后，需复核各围度尺寸（水平测量），确认左右是否对称。

4. 贴附胸围线

胸围线是经过胸高点（BP）的水平线。确定人台右侧胸高点，用大头针记录位置；如图 1-18 所示，与胸高点等高固定方格尺，平稳转动人台一周，用大头针全方位记录等高点，参照前中线贴附方法与要求，沿记号贴附胸围线标记带。注意，两胸高点间标记带要压实。

图 1-17　贴附前中线标记带

图 1-18　定位胸围线

5. 贴附腰围线

腰围线是腰部最细处的水平线。正面观察人台，确定右侧腰部最细处并做记号，用与定位胸围线相同的方法水平定位腰围线位置（方格尺需要水平固定于等高处），贴附标记带。

6. 贴附臀围线

臀围线是经过臀部最丰满处的水平线。侧面观察人台，确定右侧臀部最高点并做记号，或沿前中线以腰节线向下 18 ~ 20cm 定位其位置，用与定位胸围线相同的方法定位臀围线，贴附标记带，如图 1-19 所示。注意，臀围线位置不宜靠下。

7. 贴附侧缝线

侧缝线上点位于右半胸围的中点，沿胸围线量取右胸围并记录其中点位置。用皮尺垂直向下，正对皮尺定位侧缝线，贴附标记带，标记带上部超出胸围线约 3cm，如图 1-20 ~ 图 1-22 所示。操作方法与要求同前中线，注意压实腰部。

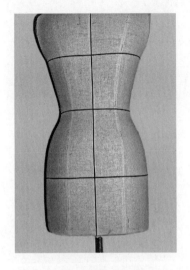

图 1-19　贴附三围标记带

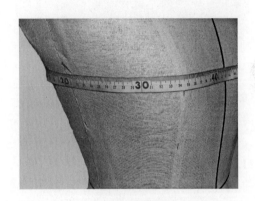

图 1-20　定位侧缝线上点

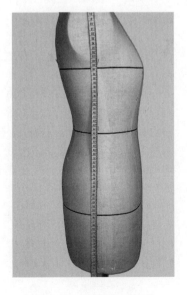

图 1-21　定位侧缝位置

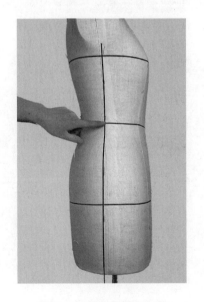

图 1-22　贴附侧缝标记带

8. 贴附颈根围线

颈根围线是人体躯干与颈部的交界线。用手指触摸确定各位置并用大头针记录，然后用皮尺检测颈根围的左右对称性，如图 1-23 所示，无误后贴附标记带。颈根围需要曲线标记带，参考前面介绍的方法准备。

9. 贴附肩线

肩线连接颈肩点（SNP）与肩端点（SP）。正面观察颈根部，侧面最突出位置为 SNP；平视肩端部，最高位置为 SP（臂根截面最高点），两点间自然连线贴附肩线，如图1-24所示。

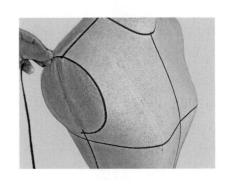

图1-23　皮尺检测颈根围线　　　　　　　　　图1-24　贴附肩线与臂根线

10. 贴附臂根线与臂根底线

沿臂根截面轮廓贴附臂根线（用曲线标记带）。过臂根截面最低点水平贴附约6cm长标记带，以便明确袖窿深的位置，如图1-25所示。

11. 贴附前公主线

前公主线由肩线中点开始，经胸高点（BP）垂直向下。量取肩线中点做记号，用皮尺由中点自然过渡至胸高点后垂下，正对观察皮尺投影确定胸高点以下位置。按记号贴附公主线标记带，要求线条自然顺畅，腰部压实，如图1-26、图1-27所示。

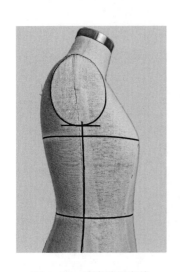
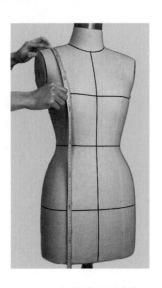

图1-25　贴附臂根底线　　　　　图1-26　定位前公主线位置　　　　图1-27　贴附前公主线标记带

12. 贴附肩胛线

肩胛线是经过后背最突出位置的水平线。侧面观察人台，确定后背最突出点做记号，参照胸围线定位方法做肩胛水平线记号，贴附标记带，如图1-28所示。注意，左右肩胛区之间要压实标记带。

13. 贴附后公主线

由肩线中点，经肩胛点自然向下确定后公主线位置，贴附标记带，如图 1–28 所示。操作方法及要求同前公主线。

至此，标记带全部贴附完毕，如图 1–29 所示。

14. 固定胸条

为了简化胸部表面形态，可以在两胸高点之间固定白布条。取长为 20cm、宽为 1.5cm 的白布条，对折后固定在左右胸高点外侧（尽量绷直），并在其表面贴出胸围标记线，如图 1–30 所示。

图 1–28　贴附肩胛线与后公主线

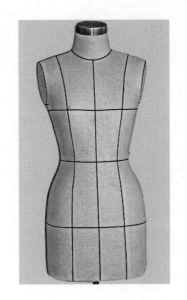

图 1–29　标记带贴附完毕

图 1–30　固定胸条

（二）人台的补正

人台是按照标准体制作的，可以适应多种体型的需要，但与实际人体相比总会有一些细微差别。如果需要根据某个体体型进行立体裁剪时，就必须实施人台的补正；当造型需要强调某一部位时，也需要对该部位实施补正。

操作时，只能加厚某些部位而不能切削。一般是用较薄的成型填料（如针刺棉）剪成需要的形状，厚度不足时，可在内层再重叠一片形状相似的小片，保证造型过渡自然。下面介绍几种常用的补正方法。

1. 胸部的补正

如图 1–31 所示，需要强调胸部的隆挺时，要根据人体实际状态，将垫布裁成椭圆形，垫布边缘要自然地变薄。加垫层时，四周过渡要自然，先纳缝固定后，再用大头针整体固定在人台上。注意，补正后不能破坏胸部的自然优美造型。

2. 肩部的补正

如图 1–32 所示，强调平肩效果时可以加垫肩。垫肩有各种造型的成品，可根据要求恰当选用。如果有特殊需要，也可以自制垫肩。

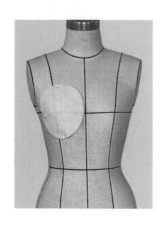

图 1-31　胸部的补正　　　　　　　　　　图 1-32　肩部的补正

3. 背部的补正

如图 1-33 所示，进行肩胛骨的突出补正。背部略为隆起可使造型立体感加强，因此依据人体特征可加附三角形垫片，以满足造型要求。注意，此补正并非驼背体型。

4. 肩背部的补正

为突出肩背厚度，需要进行如图 1-34 所示的补正。由薄至厚添加垫片，使形状自然，且保留背部立体造型。

5. 胯部的补正

为突出胯部，需要进行如图 1-35 的补正。此补正大多为满足时装化造型的要求，有时是满足体型的要求。注意，腰围至臀围的过渡要自然。

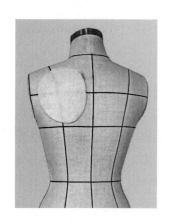

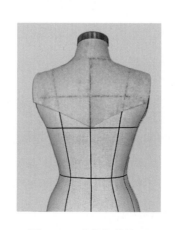

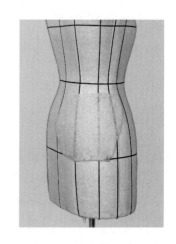

图 1-33　背部的补正　　　　　图 1-34　肩背部的补正　　　　　图 1-35　胯部的补正

课后练习

选择适用人台，按照要求准确贴附标记带。

原型立体裁剪

课程名称： 原型立体裁剪

课程内容： 1. 裙片原型立体裁剪

　　　　　　2. 衣片原型立体裁剪

　　　　　　3. 袖片原型立体裁剪

上课时数： 4 课时

教学提示： 原型立体裁剪是最基础的立体裁剪，主要学习把握基本造型的方法，建立对立体裁剪的基本认识。立体裁剪得到的衣片平面结构是平面裁剪的基础，有助于加深对平面裁剪方法的认识与理解。同时，平面裁剪知识也为立体操作中放松量的确定与分配提供了经验。

教学要求： 1. 使学生掌握衣片与人台固定的基本方法。

　　　　　　2. 使学生掌握各部位松量的预留方法及基础值。

　　　　　　3. 使学生掌握省道及分割线的别合方法。

　　　　　　4. 使学生了解省量分配的基本原则，并在实际操作中能灵活应用。

　　　　　　5. 使学生进一步加深对原型衣片、袖片、裙片平面结构的理解。

第二单元　原型立体裁剪

【准备】

一、知识准备

原型是指实际应用之前的服装基本形态，无任何款式变化因素，包括衣片原型、袖片原型和裙片原型。

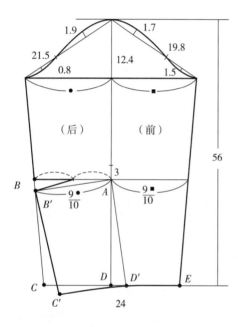

袖片原型的袖山形状比较复杂，直接由立体裁剪完成对于初学者来说难度较大，所以借用平面裁剪的基础，进行袖片原型的布样确认，需要提前绘制袖片原型平面图，如图 2-1 所示。因需要明确袖窿弧线长度（AH），故应在完成原型衣片后再准备。

1. 制图规格

袖长 =56cm，袖口围 =24cm，AH=19.8cm（前）+ 21.5cm（后）=41.3cm，袖山高 $= \dfrac{AH}{2} \times 0.6 \approx$ 12.4cm，肘围 = 袖肥 $\times \dfrac{9}{10}$。

2. 加肘省

（1）拷贝袖肘线以下 ABCD 部分。

（2）以前袖口点 E 为圆心，袖口围 24cm 为半径画弧线。

（3）以 A 点为圆心，转动拷贝样（ABCD），当 C 点交至袖口弧线上时（C′ 点），后袖肘线转动量即为肘省量（BB′）。

图 2-1　袖片原型平面图 [1]

（4）描出后袖缝线 B′ C′，省尖退至后袖肘线（AB）中点处，画出肘省。修顺袖口，完成袖片原型平面图。

二、材料准备

本单元需用幅宽 160cm 的白坯布约 110cm，打板纸两张，标记带少量。

如图 2-2 所示准备各片面料，将撕取好的面料烫平、整方，分别画出经纬纱线。如图 2-2 所示取布大小适用于胸围为 84cm 的人台，如果人台型号不同，请酌量增减，后文相同。

---

[1] 图中单位均为 cm，后文同。

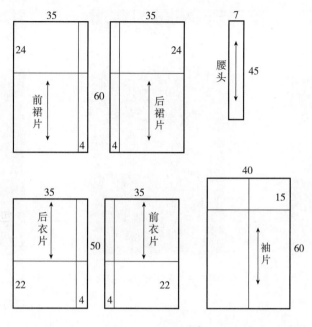

图 2-2 备料图 ❶

腰头需要先扣烫 1cm 缝份，然后对折烫，净宽 3cm，如图 2-3 所示。

三、工具准备

1. 所需工具

熨斗、软尺、方格尺、曲线尺、剪刀、大头针及针插、铅笔、彩色铅笔、描线器等。

2. 人台准备

（1）为了准确地把握衣片的用布方向，建议在人台胸、背宽垂线处贴附标记带，衣（裙）片对应这两个位置应该保持经纱方向，如图 2-4、图 2-5

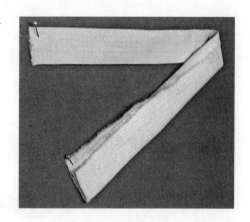

图 2-3 腰头定型

所示。操作方法：侧面观察臂根截面，确定胸宽与背宽点（前后最凸出点），分别由此两点向下用重锤找出垂直线，正面（与第一单元要求相同）用针做记号，沿记号贴附标记带。注意，腰部留足长度并压实。

（2）半身裙穿着稳定状态下，后腰口线低于水平腰围线，下落量与体型有关，制作半身裙时需要明确该位置，所以在后中下落 0.5 ～ 1cm，自然过渡至侧缝腰围线处贴附腰口线标记带，如图 2-6 所示。

---

❶ 轮廓线外部数据表示备料的大小，轮廓线内部数据表示需要画线的位置，图中画线位置未作明确标注者则为取中，后文同。

图 2-4　贴附胸宽标记带

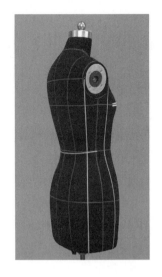

图 2-5　贴附背宽标记线

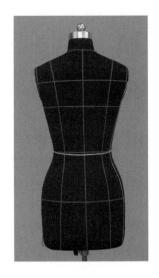

图 2-6　贴附后腰口标记线

第一节　裙片原型立体裁剪

原型裙作为一种合体裙，是平面裁剪法的基础裙型，其他裙型的结构都可以由原型裙变化得到。在人台上立体裁剪直接获得的裙片原型，可以为立体裁剪裙装和平面裁剪裙装奠定良好的基础。

一、款式说明

原型裙裙身合体，呈直筒状，裙长至膝。另装窄腰头，前、后片左右各收两个腰省，后中分割开门襟，如图 2-7 所示。

二、操作步骤与要求

（一）前片

1. 固定前中线

取前裙片面料，经纬纱画线分别与人台前中线与臀围线对合，在前中线左侧 1 ~ 2cm 处腰围线标记带下方双针固定上点，臀围线以下固定下点，如图 2-8 所示。

2. 固定侧缝

保持纬向线与臀围线一致，在臀围中区掐取 1cm 横向松量，在侧缝标记线内侧双针固定臀围侧点；保持胸宽垂线位置为经纱方向，由臀围线向上平推至腰围线，固定腰围侧点，如图 2-9 所示。

臀围松量也可以在侧缝处追加，具体方法：先将裙片面料由前中至侧缝平铺于人台臀围处（切忌横向拉伸面料），做臀围侧点的记号，

图 2-7　款式图

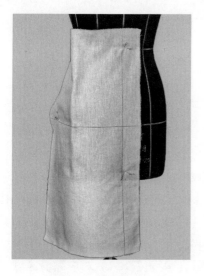

图 2-8 固定前中线

图 2-9 固定侧缝

然后按记号让出 1cm 固定该点，并将松量向前中线推送。

中臀围部分侧缝并不服帖，这是合体裙侧缝的实际情况，需要在别合侧缝时做缩缝处理。

3. 确定腰省

公主线处为第一省位，侧缝与第一省中间为第二省位；两省之间应保持经纱方向；将腰部余量分为两部分，如图 2-10 所示。

4. 折别腰省

留出前腰口松量约 0.5cm，折别腰省，如图 2-11 所示。别合腰口时切忌横向拉伸面料，以免腰口变形。注意，腹部应保持约 0.8cm 的松量。另外，腹部合体度较高时，省线呈弧形。

图 2-10 确定省量

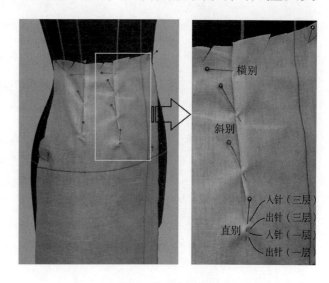

图 2-11 别合腰省

5. 修剪

留出缝份，剪去侧缝与腰口余料，完成前片，如图 2-12 所示。

（二）后片

与前片相同的方法完成后片，如图 2-13 所示。提醒注意，后侧缝缩缝位置相对偏下，靠近臀围线，为保证别合侧缝时不错位，需要做好对位标记。

（三）固定侧缝

1. 确定侧缝

将裙片的侧缝前压后搭合，在前裙片上用标记带贴出侧缝位置，如图 2-14 所示。注意一定要顺直向下。将裙片的侧缝后压前搭合，在后裙片上沿着标记带做记号，标出侧缝位置，如图 2-15 所示。

2. 别合侧缝

如图 2-16 所示，别合侧缝时，先别臀围线处，再横别腰口净线位，然后对应缩缝区域

图 2-12　前片完成图

图 2-13　后片完成图

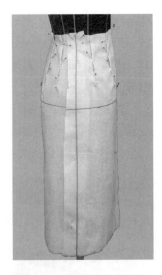

图 2-14　确定前裙片侧缝

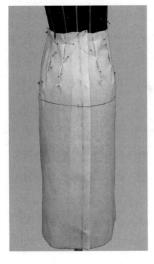

图 2-15　确定后裙片侧缝

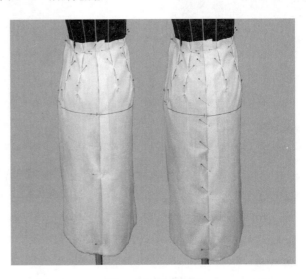

图 2-16　别合侧缝

记号，等间距别合其间；将臀围处侧缝临时固定于人台，左手拉紧侧缝下摆，右手调整前片折边大小及与后片对合的位置，使侧缝顺直；先别合下摆净线处与中间点，确认各区域对应线等长后，等间距别合侧缝下半部分。

（四）成型

1. 固定下摆
将下摆贴边向内折进，在贴边上边缘处与裙身固定，大头针方向与下摆垂直，减少对下摆自然造型的影响。

2. 装腰头
腰头的双折边在上，扣净的下口与裙身别合，大头针方向与腰口平行。

至此，裙片原型的立体裁剪操作基本完成。

（五）检查

裙装固定于人台上，分别从正面、侧面、背面观察，如图 2-17 ~ 图 2-19 所示，检查内容如下。

图 2-17　完成图（正面）　　　　图 2-18　完成图（侧面）　　　　图 2-19　完成图（背面）

1. 纱向
前后中线、胸背宽垂线处均为经纱纱向，两腰省中间处也应该保持经纱纱向，裙身自然下垂。

2. 松量
半臀围放松量 2cm，半腰围放松量 1cm，中臀部放松量约为 1.5cm，裙身不能紧绷于人台。各部位松量相对均匀，自然贴体。

3. 线条
轮廓线、省缝都应顺直、流畅。

（六）做记号

确认裙装整体满意后，立体状态下在轮廓线及省位用红（蓝）色铅笔做记号，也可以将裙装整体从人台上取下，边做记号边拆解。注意，定位点要用"十"字标记，对位点和定位点记号一定不能遗漏。

（七）画结构线

1. 腰口画线

连腰头取下裙片，沿腰头下口在裙身腰口处做虚线标记，然后拆去腰头，借助曲线尺画顺腰口线，复核前后片腰围尺寸，半腰围松量为 1cm ± 0.2cm，同时确认前后中线、侧缝及各省道与腰口线的垂直关系，如图 2-20 所示。

2. 拆裙片

确认标记完整后逐步拆解裙片，最终平铺于桌面上（可以烫平，但一定不能变形）；复核前后片臀围尺寸，半臀围松量为 2 cm ± 0.5cm。

3. 轮廓画线

根据四周的记号，画出裙片轮廓线。注意，臀围线以上侧缝线应圆顺，且与臀围线以下侧缝直线顺接；前、后片侧缝弧线区域要求弧度尽可能一致，并在需要缩缝的部分做明确标记，直线区域要求等长。

图 2-20　确认腰口线

4. 省道画线

根据省口、省边线、省尖点记号画出省道。要求省中线与腰口线垂直，两条省边线等长；前片各省量略小于或等于侧缝收腰量，后片各省量略大于侧缝收腰量。

5. 完成裁片

全部画线完成，剪齐各边，得到裙身裁片，如图 2-21 所示。

（八）拷贝及样板修正

1. 拷贝后片

在样板纸上画出水平线、竖直线，与后裙片的臀围线、后中线对齐、固定，借助描线器，拷贝后裙片结构线与记号。

2. 拷贝前片

量出前裙片臀围，在样板纸上沿后片臀围线延长线上画出前片臀围，确定前中线位置，做竖直线，并与前裙片的臀围线、前中线对齐、固定，拷贝前裙片结构线与记号。

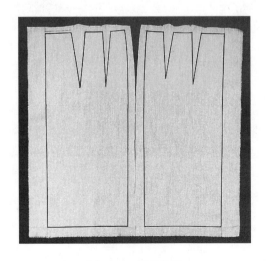

图 2-21　裙身裁片

3. 样板修正

在样板纸上描出平面图并检查修正：腰围、臀围尺寸是否符合规格要求，修正线条不顺的部位，对位记号与定位记号必须齐全，做纱向符号后备用。

第二节　衣片原型立体裁剪

衣片原型的立体裁剪是最基础的立体裁剪，各部位需要一定的放松量，但整体效果还是突出体型的。立体裁剪得到的衣片平面结构是平面裁剪的基础，有助于加深对平面裁剪方法的认识与理解。

一、款式说明

原型上衣造型合体，长至腰节；胸省省口位于肩缝，前片左右各收一个腰省；后片收肩省，左右各收两个腰省，如图2-22所示。

二、操作步骤与要求

（一）前片

1. 固定前中线

取前衣片面料，将纬纱线与人台胸围标记线重合，经纱线与人台前中标记线重合，超过前中线1~2cm，颈根围线下1cm处双针"V"形固定上点；顺前中线向下轻推，跨过胸部使面料自然下垂，在超过腰节线1~2cm处的前中线上固定下点，如图2-23所示。注意，前中线的固定应该在中线左侧（外侧）。

2. 固定胸宽点

保持纬纱标记线与人台胸围标记线重合，在胸高点处双层掐取1.5cm横向松量，单针斜插临时固定胸高点；沿胸围线捋顺至胸宽处，双针固定胸宽点，如图2-24所示。

3. 固定侧缝

保持胸宽标记线处为经纱纱向（建议提前在此处画出或别出经向线便于操作），由胸围线向下捋顺至腰围线，在腰节线处临时固定一点；继续保持纬纱画线与胸围线重合，侧缝与胸宽线间平行留出约0.5cm松量，分别在胸围线上约2cm、腰围线处的侧缝线内固定上、下点，如图2-25所示。注意，固定点选择侧缝内侧，便于定位侧缝线、修剪余料。

4. 修剪领口，固定颈肩点

①将胸高点与前中线间面料由胸围线向上平推，使衣片与人台自然贴合，高出颈根线

图2-22　款式图

图2-23　固定前中线

图 2-24　固定胸宽点　　　　　　　　　　　图 2-25　固定侧缝

2cm，由前中水平剪进 5cm；②转向上顺剪小圆弧至上口，粗裁领口，注意少剪多修，以免剪缺；③进一步修正领口，打适量斜向剪口（不能剪过颈根线），使领口服帖；④领口留适当松量（约 0.3cm），固定颈肩点。如图 2-26 所示。

图 2-26　修剪领口，固定领肩点

5. 固定肩点

将胸围线以上余量向肩部平推，袖窿腋角部位留出 1cm 松量，双针固定肩点内侧，如图 2-27 所示。

6. 修剪

留 2～3cm 缝份，修剪侧缝、袖窿、肩线处余料，如图 2-28 所示。注意，修剪时应避开固定针,以免损坏剪刀。

7. 掐别胸省

将胸部余量全部掐进临时别合(不留松量,也不能拉伸面料);肩线位不需要松量,距胸高点 3cm 处为省尖点,是需要留出松量最大的点,所以肩线位的针不动,以下各针位都另别一针,与掐别针的间距逐渐变大至省尖点,两排针的间距即为松量,取下掐紧时的固定针,完成胸省的掐别,如图 2-29 所示。建议初学者用此方法,便于准确控制各部位的松量,熟练后可以直接留松量掐别。

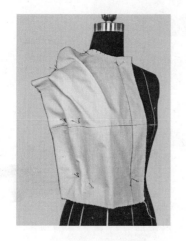  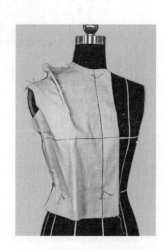

图 2-27 固定肩点 　　　　图 2-28 修剪 　　　　图 2-29 掐别胸省

8. 固定腰省

参照胸省的别合方法,在公主线位掐别腰省,留出腰围约 1cm 松量;为使腰部服帖,底摆适量打斜剪口,如图 2-30 所示。注意,剪至距腰围线 0.5cm 为佳。

9. 折别省缝

在掐别省缝的固定针位用铅笔轻轻画线做记号(双面),取下固定针,将省缝沿记号向前中方向折进,用大头针理顺省缝后折别胸省及腰省。别合时,先别省口、省中、省尖三点,确认省线顺直、平服后再别中间针。要求省尖处自然圆润,不出坑、不冒尖。

取下胸宽处固定针,完成前片原型,如图 2-31 所示。用铅笔轻轻描出轮廓线后,将肩线与侧缝掀开,准备做后片。

(二)后片

1. 固定后中线

取后衣片面料,使经纱线与后中标记线重合,纬纱线与肩胛

图 2-30 掐别腰省

标记线重合,后中线偏左 1 ~ 2cm、颈根围线下 1cm 处双针 "V" 形固定上点;沿后中线向下,跨过肩胛区,向下捋顺面料(不能拉伸面料),在腰围线处向左侧拉面料,使经纱线偏出后中线 0.7cm,固定后中下点,固定点位于后中线偏 1 ~ 2cm 的腰围线上侧,如图 2-32 所示。

图 2-31　前片完成图

图 2-32　固定后中线

2. 固定侧缝

保持纬纱线与肩胛标记线一致，在肩胛位留出约 1.5cm 横向松量，临时固定背宽点；保持衣片背宽线的经纱纱向，腰节线处临时固定；背宽线与侧缝间平行留出约 0.5cm 松量，在侧缝标记带内侧双针固定侧缝上下点，如图 2-33 所示。

3. 固定肩线

将后中线与肩胛点间的面料由肩胛线向上平推，使面料与人台自然贴合；上端高出颈根线 2cm，由后中水平剪进 7cm 后，转向上顺剪小圆弧至上口，粗裁出领口。注意，少剪多修，以免剪缺；进一步修剪领口，打适量斜向剪口（不能剪过颈根线），使领口部位服帖，并留适当松量（约 0.3cm），固定颈肩点；将肩胛以上部分余量向肩部轻推，袖窿中部留出 0.7cm 松量，固定肩点，如图 2-34 所示。固定方法与要求同前片。

4. 掐别省缝

肩点与颈肩点间余量在肩缝处形成肩省，沿公主线掐别固定；后中线与背宽线间留出约 1.5cm 胸围松量，分别在公主线处与背宽垂线内侧 1cm 处掐别腰省，省量分配以两省中间位置保持经纱纱向为准；省的掐别方法参照胸省操作。

底摆打斜向剪口，留出必要缝份后，修剪侧缝、袖窿、肩缝等部位的余料，如图 2-35 所示。修剪要求同前片。

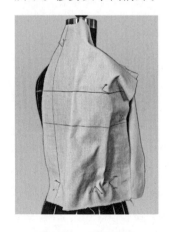

图 2-33　固定侧缝

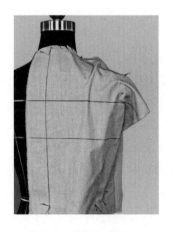

图 2-34　固定肩线

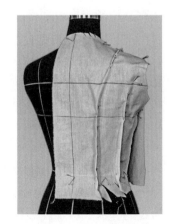

图 2-35　掐别省缝

5. 完成后片

参照前片方法，折别肩省与腰省，完成后片，如图 2-36 所示。注意，胸围留松量 2cm，腰围留松量 1.5cm。

（三）成型

1. 装手臂

为操作方便，前面一直未装手臂，但确定袖窿时必须用到，所以需要打开肩缝，装好手臂。也可在制作衣片前装好手臂，不用时将腕部翻上固定在人台颈部。

2. 修袖窿

臂根向下约 2cm 为袖窿深，用铅笔圆顺画出前、后袖窿弧线。

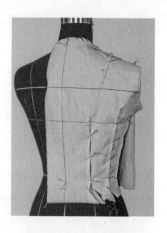

图 2-36 后片完成图

3. 合缝

将肩缝、侧缝折别固定（前压后）。别合时，先横别合缝中点（或中部的明确对位点）与两端，确认各区域对应边长度一致后，等间距别合其他点。

至此，衣片原型的立体裁剪操作基本完成，如图 2-37 所示。分别从正面、侧面、后面进行整体观察，如有不服帖之处及时调整。

（四）检查

1. 检查内容

（1）整体松量。衣片原型半胸围放松量 4cm，半腰围放松量

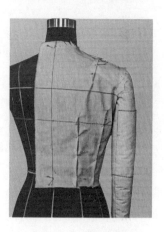

图 2-37 衣片完成图

约 3cm，属合体造型。腰围松量可以将铅笔（直径约 1cm）插入衣片内滑动一圈，以不影响腰部造型为宜。如果空间超过铅笔粗细，说明松量过大；如果空间容纳不下铅笔，说明松量不足。松量空间围绕腰部应该相对均匀，否则说明造型不够合理。因此，有一笔松量、一指松量等形象的说法，是指插入笔或手指滑动而不影响造型的松量空间。

（2）局部松量。细节部位相应地也要留有适当松量，如领口（0.3cm）、袖窿底（一指松量）等部位，使造型自然、服帖，且活动方便。

（3）各部位对合情况。侧缝连接后，袖窿底弧与腰节线应圆顺。肩缝连接后，领口弧线与袖窿弧线应圆顺。

（4）线条顺直。分割线、省缝线条顺畅，无拉斜或扭曲现象。

（5）纱向正确。前、后中线与胸、背宽处均保持经纱纱向，衣片面料自然垂下。

2. 调整方法

（1）松量小。表现为局部有抽皱现象、整体衣片紧绷于人台上或侧缝被牵制离开人台侧缝标记线位置。在不影响纱向的前提下，由前后中线、胸背宽线处适当让出少量松量补充为整体放松量；局部松量也可让出少量缝份弥补。如果松量缺少较多，则应重新进行立体裁剪。

（2）松量大。表现为整体松垮，肩部虚浮，胸、领口、袖窿等处出现余褶。在不影响纱向的前提下，由前后中线、胸背宽线处去掉合适松量，使整体合身；局部松量也可移入缝份解决。如果松量过大，则应重新进行立体裁剪。

3. 袖窿弧线

测量前、后袖窿弧线长，为制作袖片原型做准备。袖窿弧线总长度应该与半胸围（净体）接近，差值过大需要通过调整袖窿弧度修正（借助平面裁剪基础）。

4. 腰围线

将省缝、侧缝别合后，腰部放平观察，如果腰围线不圆顺，应进行局部修正。打开省缝后会发现，平面状态下腰围线并非一条圆顺的弧线，因此要注意平面与立体的差异，培养画线的感觉（以立体状态为准）。

（五）做记号

确认衣片达到要求后，在衣片轮廓线及省位用红（蓝）色铅笔做记号。注意，各部位定位点记号不可遗漏。

（六）拷贝

1. 拆衣片

取下衣片，拆掉全部大头针，使衣片放平（可以烫平，但一定不能变形）。

2. 描线

按记号将所需轮廓线、省边线及记号描出。特别注意，必须做袖窿对位记号，后袖窿对位点取后袖窿深四等分的下等分点；前袖窿对位点取前袖窿深四等分的下等分点，如图2-38所示。

图2-38　衣片平面图

3. 检查

如图2-39、图2-40所示，将前、后衣片沿净线对合肩缝，检查袖窿弧线、领口弧线是否圆顺；别合腰省及侧缝，检查袖窿弧线、腰围线是否圆顺。

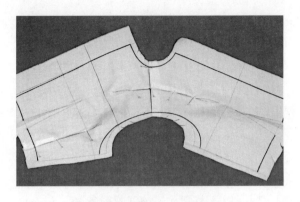
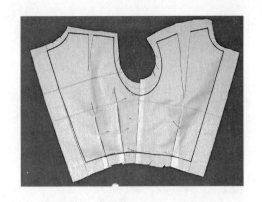

图 2-39　检查领口、袖窿弧线　　　　图 2-40　检查袖窿弧线、腰围线

4. 拷贝

（1）后片。在样板纸上画出水平线、垂直线，与后衣片两线（肩胛线、后中线）对齐、固定。用描线器和复写纸拷贝后衣片结构线及记号。

（2）前片。在样板纸上做后片胸围线的延长线，在延长线上根据前衣片胸围尺寸确定前中线位置，做垂直线，并与前衣片胸围线、前中线对齐，固定。拷贝前衣片结构线与记号。

描出平面图并检查，线条不顺畅的部位略作修正，对位记号与定位记号必须齐全，做纱向标记符号。

（七）整体确认

将前、后衣片省缝别合，肩缝与侧缝别合后，穿在人台上进行整体确认，如图 2-41 ~ 图 2-43 所示。

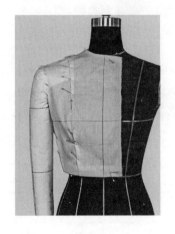
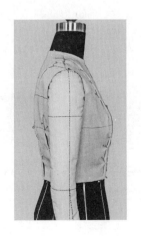
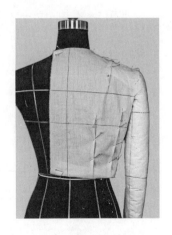

图 2-41　整体确认（正面）　　　图 2-42　整体确认（侧面）　　　图 2-43　整体确认（背面）

第三节　袖片原型立体裁剪

袖片原型的立体裁剪，实际上是进行袖片原型的布样确认。确认包括检查松量、悬垂效果、比例、袖山吃势、对位点等方面，如有问题及时调整。

一、款式说明

合体袖型，肘线以下前倾，后袖缝收肘省。

二、裁剪

取袖片面料，经纱线对齐袖中线，纬纱线对齐袖肥线，袖山头部分留 1.5 ~ 2cm 缝份，侧缝留 1cm 缝份，袖口留 3cm 折边，裁出袖片，如图 2-44 所示。

三、做记号

（一）前袖山记号

1. 确定前袖山对位点

如图 2-45 所示，袖片与前衣片正面相对，袖片前袖肥点与衣片袖窿侧缝点重合，转动袖片，使前袖山弧净线与衣片前袖窿弧净线对合至前袖窿对位点（记号 1）处做记号 a（两者等长）。

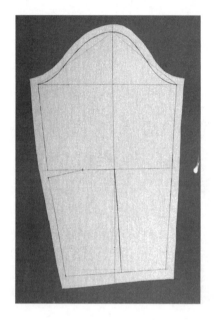

图 2-44　裁剪袖片

2. 确定前袖山吃势

如图 2-46 所示，翻正袖片，袖山弧净线与袖窿净线拼接，袖山记号 a 对合袖窿记号 1，转动袖片至肩点处，与肩点对应在前袖山上做记号 b。该记号与袖山高点的间距即为前袖山吃势（中高袖山吃势为 1 ~ 1.3cm）。

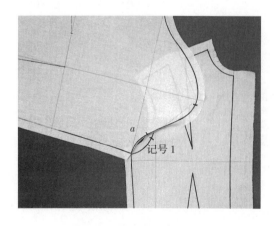

图 2-45　确定前袖山对位点

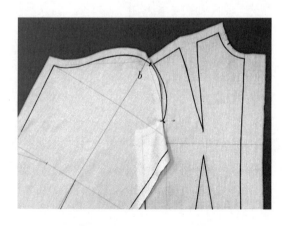

图 2-46　确定前袖山吃势

（二）后袖山记号

采用相同方法完成后袖山记号 *c*、*d*，如图 2-47 所示。注意做记号 *c* 时，袖山弧需比袖窿长出 0.3cm（后腋角部位吃势）。

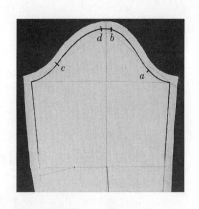

图 2-47　完成袖山记号

四、别合

别合肘省、侧缝及袖口，如图 2-48 所示。

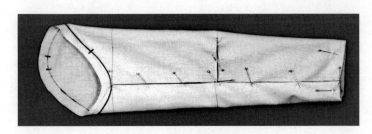

图 2-48　别合袖片

（一）别肘省

省缝份倒向上方，折别肘省。别合方法参照胸省操作。

（二）别侧缝

取袖片，反面在上，方格尺置于袖中线处（防止别合时带上袖片），折前、后袖缝，前压后折别。折别时，先将袖口、肘线、袖肥三点处横别固定，确认对应部位等长后等间距别合侧缝。

（三）别袖口

将袖口折边略作拔开（手拉即可），沿袖口净线向内扣折边，由折边上口与袖口垂直别针固定，袖缝、中线及两者中点处各别一针。

五、装袖

（一）粗别

1. 粗别袖山

临时掀开手臂，将别好的袖子与袖窿底部贴合，分别对合袖底及记号 *a*、*c* 点，沿净线临时别合袖底；将手臂套入袖筒，对合袖山高点与肩点临时固定，如图 2-49 所示。

图 2-49　粗别袖山

2. 调整后装袖

分别从侧面、前面、后面三个方向观察袖子方向及状态是否自然。如不理想，可小范围（0.5cm 以内）调整袖山高点的位置。确认无误后，开始装袖。

（二）装袖底

1. 拆袖山高点固定针

拆下袖山高点固定针，如有调整需重新做记号。

2. 翻出手臂

掏出手臂，翻上固定在人台颈部。

3. 别合袖底

袖片与衣片正面相对，由侧缝开始，沿净线别合。间距 2cm 以内前袖窿一针、后袖窿一针地别合至前、后对位点，如图 2-50 所示。

（三）装袖山

1. 套入手臂

将手臂翻下，套入。

2. 别合袖山

临时固定袖山高点，前、后袖山分别等间距固定两点，调整各区域吃势满意后，分别由前、后对位点开始，前袖窿一针、后袖窿一针地挑别袖山与袖窿，针间距约 1cm。注意吃势的控制，使弧线圆顺、自然，如图 2-51 所示。

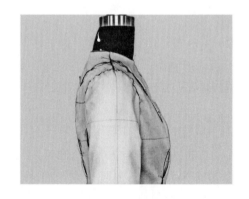

图 2-50　别合袖底　　　　　　　　图 2-51　别合袖山

3. 确认装袖状态

如图 2-52 ~ 图 2-54 所示，左手轻展袖筒，分别从前、侧、后三面观察袖山头及整个袖子，不适部位稍作调整，尤其是袖山头部分的弧度。若出现斜向受力褶，需要在褶的发散中心处放出适量袖山弧；若出现环状下垂松褶，需要在环中心区收进适量袖山弧。在调整后的位置做记号。

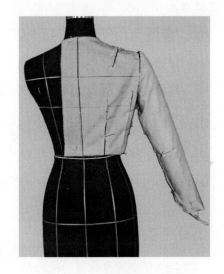

图 2-52　装袖完成图（正面）　　图 2-53　装袖完成图　　图 2-54　装袖完成图（背面）
（侧面）

六、检查

（一）检查内容

1. 纱向

经纱纱向应与手臂中线一致，并与侧缝平行。

2. 形状

袖子形状与手臂吻合，自然下垂，肘线以下稍向前倾。

3. 吃势

吃势适中，袖山头饱满圆顺。

4. 活动量

有一定的活动量，不妨碍正常的基本动作，如摆动、平抬、上举等。

（二）调整方法

1. 纱向偏斜

检查别合对位点，适量调整后重新固定。

2. 吃势不当

吃势不足会有明显的因拉扯出现的褶皱，吃势过大则会使袖山隆起，出现多余碎褶（出包）。吃势不足时，可适当加大袖山弧度，稍加高袖山（0.5cm 以内）；吃势过大时则相反调整。

3. 活动量不足

袖肥放大 0.5 ~ 1cm，袖山头宽度不足时，需重新做袖山弧线，前后全部放宽。

如果检查没有问题，可以省略该步骤。

七、拷贝

1. 展平样片

确认效果满意后，拆下袖子，拆去大头针，熨斗烫平（不可拉伸使面料变形）。

2. 画修正线

将调整过的部位重新画线修正。

3. 拷贝样板

将袖片轮廓线、基本线、记号拷贝到样板纸上备用。

课后练习

独立完成裙片原型、衣片原型、袖片原型的立体裁剪，拷贝纸样留存备用。

立体裁剪塑型基础

课程名称： 立体裁剪塑型基础

课程内容 1. 立体裁剪塑型方法

2. 平面几何形塑型

3. 服装材料的造型特征

上课时数 4 课时

教学提示 收省、分片、叠裥和抽褶是实现不同服装造型的四种基本方法，本章主要学习这四种方法的基本操作及其在服装中的简单应用，训练学生把握基本造型的能力，强调操作的规范性。关于平面几何形的塑型，可以提示引导学生，利用简单几何形完成一些局部装饰，为后续的整体设计打基础。服装材料的造型特征，建议借助实物现场操作并讲解，学生可以直观感受材料所具有的特性、不同材料的造型特征，同时建立造型和材料间的相互联系，以便后续设计中能够合理选择材料、利用材料。

教学要求 1. 使学生掌握收省与分片的基本操作方法。

2. 使学生掌握叠裥与抽褶的基本操作方法。

3. 使学生具备一定的分析造型、判断塑型方法的能力。

4. 使学生具备塑造简单造型的能力。

5. 使学生了解常用服装材料的造型特征。

6. 使学生具备根据造型需求选用材料的能力。

第三单元　立体裁剪塑型基础

【准备】

一、知识准备

本单元主要学习收省、分片、叠裥和抽褶的塑型方法，通过第二单元原型立体裁剪的学习，要求掌握直线省道、分割线的基本操作方法，以便完成其他塑型方法的操作。

二、材料准备

本单元需用幅宽 160cm 的白坯布约 100cm，标记带少量。具体用布大小根据所做练习确定。

三、工具准备

所需工具：熨斗、软尺、格尺、曲线尺、圆规、剪刀、大头针及针插、一般铅笔、彩色铅笔、描线器等。

第一节　立体裁剪塑型方法

立体裁剪中，塑造服装造型要从整体到局部、从廓型到细节。

一、立体裁剪的塑型过程

一般情况下，服装的立体造型是非均匀的。从立体裁剪的角度分析，首先要完成最丰满区域的造型，然后对其他部位进行多余量的设计性处理。具体过程包括做大、收小、调整。

（一）做大

立体裁剪时，一般撕取的白坯布为长方形，其长度满足最丰满造型所需要的长度，其宽度满足最丰满造型所需要的围度；长方形面料在人台上围拢，完成符合服装廓型特征的造型，即为"做大"，是立体裁剪塑型的第一个主要过程。

长方形面料对人体进行水平围拢时，形成柱状造型，如图 3-1 所示；对人体实现下放式围拢时，形成上小下大的台状造型，如图 3-2 所示；对人体实现上提式围拢时，形成上大下小的台状造型，如图 3-3 所示。

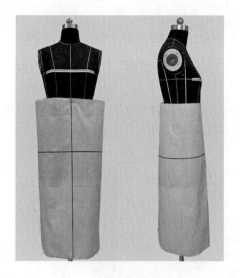

图 3-1　水平围拢的造型

图 3-2　下放式围拢的造型

（二）收小

面料的围拢，实现了最丰满部位的造型，对于其他部位，造型相对收小，面料出现多余量。这些余量需要进行合理的处理，处理余量的过程便是立体裁剪塑型的第二个主要过程——收小。对于面料的多余量，通常采用收省、分片、叠褶、抽褶等方法处理，这四种塑型方法操作不同，形成的外观也不同，可以独立使用，也可以组合使用。立体裁剪时，根据所需效果适当选用，每种方法的详细内容见本节下文。

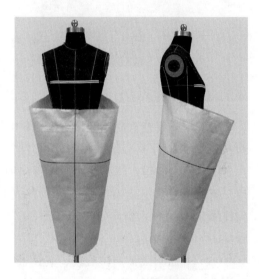

图 3-3　上提式围拢的造型

（三）调整

服装造型基本完成后，需要根据整体效果进行局部调整，进入立体裁剪塑型的第三个主要过程。服装造型往往需要反复调整，这一过程需要随时拍照记录，以便通过比较实现最理想的效果。

二、收省

收省是在某一位置将余量以一定角度去掉，省的位置、形状、数量等可以根据款式要求变化。收省的方法广泛地应用于合体造型的服装中，收过省道后，外观上会看到线条状痕迹，指向人体凸出部位。

（一）操作方法

省道的形状可以是直线、弧线、折线等，不同省道的操作方法略有不同。第二单元原型裙及原型衣片的省道均为直线形，下面介绍弧线形、折线形省道的操作方法。

1. 弧线形省道

（1）确定余量：满足相关区域的放松量需求，在省道处掐出多余面积，并临时固定，如图3-4所示。

（2）设计省道：根据款式，在人台或者衣（裙）片上用标记带贴出省道的位置及形状，如图3-5所示。

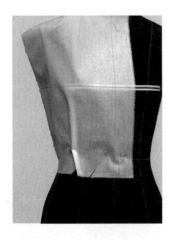
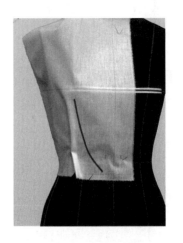

图3-4　确定余量　　　　　　　　　　　图3-5　设计省道

（3）剪开省缝：沿标记带留出缝份（0.5～1cm），剪开衣片，注意只能剪至距离省尖大约5cm处，如图3-6所示。

（4）别合省道：将省缝沿标记带向内折叠，理顺省缝；去掉标记带，折别省道，先别省口、省中、省尖三点，确认省边顺直、服帖后再别中间针；省口处横别；省尖处直别，针尖连续出入两次后指向省尖，如图3-7所示。要求省缝顺畅，省尖自然圆润，不出坑，不冒尖。

（5）平面画线：整体观察，确认造型满意后，沿省边对应做"+"记号；取下衣片，去掉别合针，根据记号画出省道，如图3-8所示。

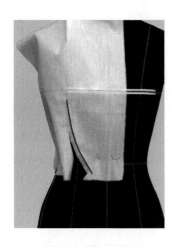
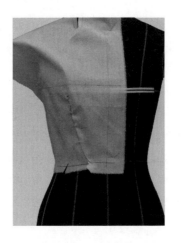
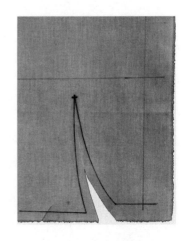

图3-6　剪开省缝　　　　　图3-7　别合省道　　　　　图3-8　平面画线

2. 折线形省道

（1）设计省道：与弧线形省道的操作相同，确定余量之后，根据款式，在衣（裙）片上用标记带贴出省道的位置及形状，如图 3-9 所示。

（2）剪开省缝：沿标记带留出缝份（0.5～1cm），剪开衣片，注意只能剪至距离省尖大约 5cm 处，在省道转折处，将缝份打深剪口，如图 3-10 所示。

（3）别合省道：将省缝沿标记带向内折叠，理顺省缝；去掉标记带，折别省道，如图 3-11 所示。要求省缝顺畅，省尖自然圆润，不出坑，不冒尖。

（4）平面画线：整体观察，确认造型满意后，沿省边对应做"+"记号；取下衣片，去掉别合针，根据记号画出省道，如图 3-12 所示。

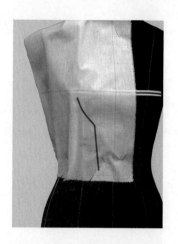

图 3-9 设计省道

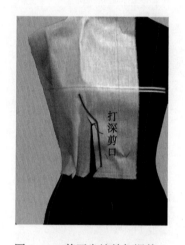

图 3-10 剪开省缝并打深剪口

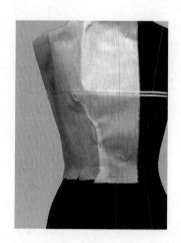

图 3-11 别合省道

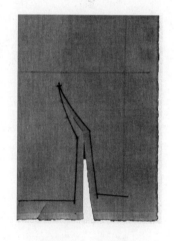

图 3-12 平面画线

（二）应用实例

省道在紧身造型的衣身中的应用如图 3-13 所示，可以是单省道，也可以是多省道；位置和形状根据设计效果确定，大小由造型的合体程度决定；还可以是不对称的设计，或者与其他塑型方法结合使用。

三、分片

分片是将基本衣片分割成多片，经过人体表面凸出或者凹陷部位的分割，可以顺便处理多余量，实现合体造型，称为结构性分割线，如原型衣片的侧缝、原型裙片的侧缝、公主线等；将分开的两片平铺时，两片的对应线之间存在空隙，如图 3-14 所示。只经过人体表面平坦部位的分割，不存在需要处理的多余量，称为装饰性分割；将分开的两片平铺时，两片的对应线之间没有空隙。

结构性分割线与装饰性分割线的立体裁剪操作方法相同，在第二单元原型裙及原型衣片

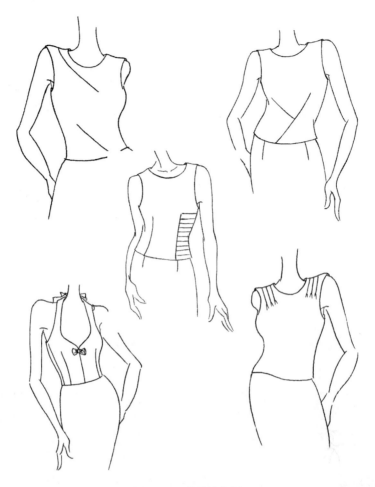

图 3-13　省道的应用

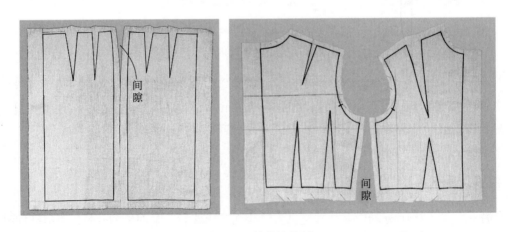

图 3-14　结构性分割

的立体裁剪中已有详细说明。

　　分割线的设置以满足外观需求为主，可以走横向、纵向、斜向，可以是直线、曲线、折线，可以是单条、双条、多条……对于合体造型，经过造型最丰满的区域设置分割线，可以在分割线内收进造型余量。对于较大的造型，受面料大小的限制，也需要在适当位置进行必要的分割。分割线的应用实例如图 3-15 所示。

图 3-15　分割线的应用

四、叠裥

叠裥也可以实现在某个位置（款式需要）将余量有规则地叠进，完成合体塑型。但余量处于半固定状态，外观效果比收省更富于变化。当需要夸张造型时，可以通过加大叠裥量的方式解决。

（一）操作方法

根据折叠关系不同，将裥分为两类：面料沿斜线对应向内折叠时，形成曲面造型，称为斜线裥；面料沿直线平行向内折叠，造型仍为平面，称为直线裥；这两类裥组合应用，可以形成环形裥、明裥、暗裥等，下面分别介绍这几种裥的基本操作方法。

1. 斜线裥

如图 3-16 所示，将面料沿斜线向内折叠，在需要的位置正面固定，形成斜线裥。折叠量在尾端自然消失，形成曲面造型。这种裥多用于合体造型或突出某一区域的夸张造型。

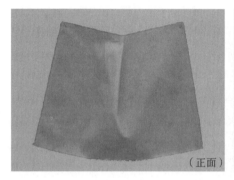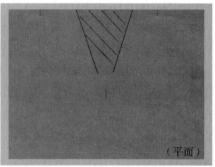

（正面）　（平面）

图 3-16　斜线裥

如图 3-17 所示，将两个斜线裥以一定角度排列，尾端自然形成环状波纹效果，称为环形裥。反面则呈现三角状，这种裥多用于局部夸张造型。

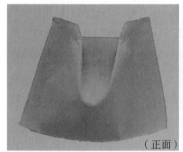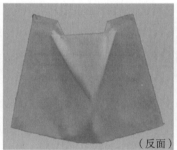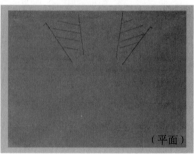

（正面）　（反面）　（平面）

图 3-17　环形裥

2. 直线裥

如图 3-18 所示，将面料沿平行线向内折叠，形成直线裥。固定时，起始位置横别，需

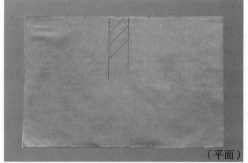

（正面）　（平面）

图 3-18　直线裥

要沿褶的方向继续固定时，一般用直别。直线褶的尾端自然形成波浪起伏效果，多用于夸张造型。

两个直线褶相对排列，形成暗褶；其反面效果则是两个褶相背排列，形成明褶。如图 3-19 所示。固定暗褶时，单针连续出入两次，分别固定两侧，针的方向与褶的方向垂直。

多个直线褶顺向排列，形成顺风褶，如图 3-20 所示。

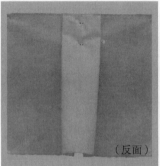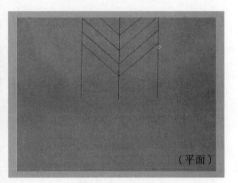

（正面）　　　　　（反面）　　　　　（平面）

图 3-19　暗褶与明褶

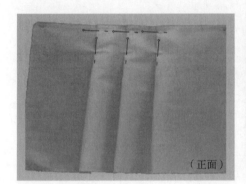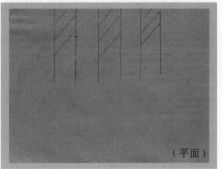

（正面）　　　　　（平面）

图 3-20　顺风褶

3. 立褶

将斜线褶或者直线褶的折叠部分在正面掐别，自然直立于面料表面，便形成立褶，如图 3-21 所示。立褶可以多个排列，用于局部夸张造型。

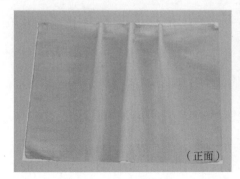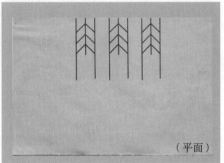

（正面）　　　　　（平面）

图 3-21　立褶

（二）应用

叠裥的操作相对简单，塑型效果也比较稳定，在造型设计中被广泛使用。裥具有明显的折叠方向，多个裥顺向排列时形成顺风裥，反方向排列形成对裥；裥量的大小根据造型的扩展程度确定，一般会以所在部位基本长度的倍数确定。裥在服装中的应用如图 3-22 所示。

图 3-22　裥的应用

五、抽褶

抽褶与前三种方法的区别在于其区域性，即只能在一定范围内将余量收缩，而不能在某一位置全部去掉。抽褶后形成不规则褶纹，造型的稳定性与精确性都较差。同样也可以通过增加褶量的方式塑造夸张造型，在裙装中广泛应用。

（一）操作方法

服装中常见褶分为自然抽缩褶、束缚褶、荡褶、波浪褶等，下面分别介绍这几种褶的基本操作方法。

1. 自然抽缩褶

自然抽缩褶是将多余量在最集中的区域内自然抽紧，形成细小而相对均匀的褶皱。这类褶的特点是收缩区域较大，造型松散，操作简单、精度要求不高，广泛应用于服装各部位的设计中。常用的抽褶方法有手针串缝、平缝机大针脚平针车缝、加松紧带、熨斗搓烫等。下面以手针串缝为例说明自然抽缩褶操作方法。

如图 3-23 所示，手针穿双股棉线，沿布料上口串缝后，收缩至合适长度，并固定两端线头，形成自然抽缩褶。

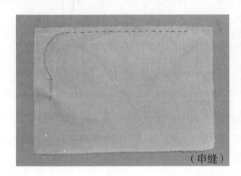 

（串缝） （抽缩）

图 3-23 自然抽缩褶

2. 束缚褶

束缚褶是在某一部位经打结、扭转、系扎等形成的褶皱，褶纹呈放射状，具有明显的聚集感，聚集处自然形成视觉中心，成为重点设计部位，如图 3-24 所示是扭转定型褶。

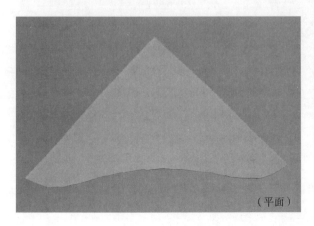 

（平面） （正面）

图 3-24 扭转定型褶

3. 荡褶

荡褶是由面料自然悬垂形成的环状褶纹，沿斜纱方向成褶效果最佳，常用于领部、袖山、裙身等部位。

操作方法如图3-25所示，长方形面料的上口取对称两点，向中线靠拢后固定，便形成荡褶。

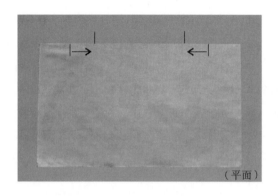

（平面） （正面）

图 3-25　荡褶

4. 波浪褶

波浪褶是由于衣片轮廓相对的两侧存在较大的长度差，成型后长边自然产生的起伏状松褶，沿斜纱方向成褶均匀，效果最佳。常见于荷叶边、裙下摆等部位。

操作方法如图3-26所示，取环形面料，上口弧线拉直固定，下口便形成波浪褶。

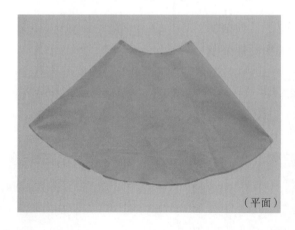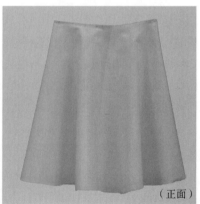

（平面） （正面）

图 3-26　波浪褶

（二）应用

褶的应用广泛，如图3-27所示。单边抽缩固定后，适合塑造蓬松的造型，褶的抽缩量越大，造型越蓬松。通常，抽缩量以所需长度的倍数确定，0.5倍、1倍、1.5倍、2倍⋯⋯但抽缩量较大时，造型的稳定性差，往往需要内部加支撑。

图 3-27 褶的应用

第二节 平面几何形塑型

常见几何形状的面料，可以塑造一些特殊造型。

一、正方形

取适当大小的正方形面料，如图 3-28 所示，四个角分别沿对角线向中心点剪开，然后将一个角折向中心点并固定，形成"风车"造型。

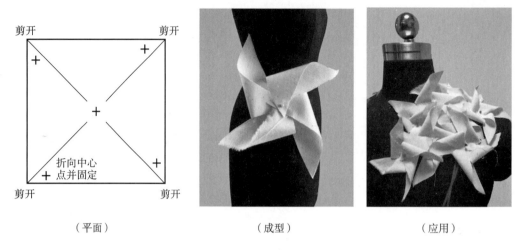

（平面）　　　　　　（成型）　　　　　　（应用）

图 3-28　正方形面料的塑型

二、三角形

（一）卷曲造型

如图 3-29 所示，将三角形面料卷曲，可形成圆润扩张的立体空间。为使造型挺括美观，可在面料反面黏衬。这种造型可以改变大小、调整卷曲程度，用于不同部位的装饰。

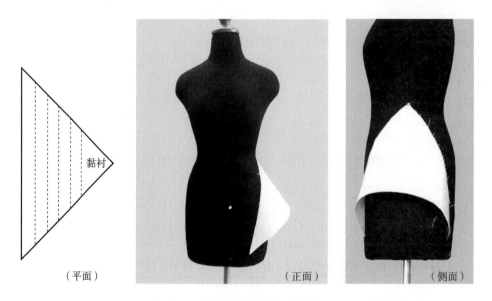

（平面）　　　　　　（正面）　　　　　　（侧面）

图 3-29　三角形面料的卷曲造型

（二）对合造型

如图 3-30 所示，将等腰直角三角形底边上的 A、B 两点对合固定，可形成环形裥，A、B 与中点的间距决定裥的深度，这种造型在本书中被用于花瓣小礼服造型。

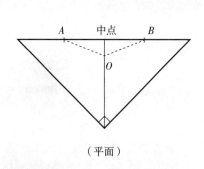
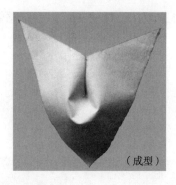

（平面）　　　　　　　　　　（成型）

图 3-30　三角形面料的对合造型

（三）折叠造型

如图 3-31 所示，取三角形面料，沿底边以均匀宽度折叠，并在中心处固定，两侧边自然散开成树叶造型。

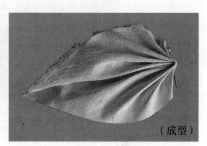

（平面）　　　　　　　（折叠）　　　　　　　（成型）

图 3-31　三角形面料的折叠造型

三、圆形类

（一）正圆

如图 3-32 示，取直径 120 ~ 140cm 的圆形，双折后披至肩部，在前中搭叠固定，即

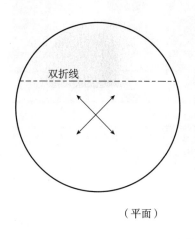

（平面）　　　　　　　（正面）　　　　　　　（背面）

图 3-32　圆形面料的造型

为优雅的披肩造型；领口处叠折，在腋下连接前后面料则形成袖筒，成为宽松随意的外套样式。

（二）螺旋

取圆形面料，螺旋状剪开，中间圆心部分旋转两圈，并整理边缘成马蹄莲花形，其余部分自然下垂成波浪造型，如图3-33所示。

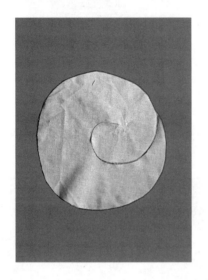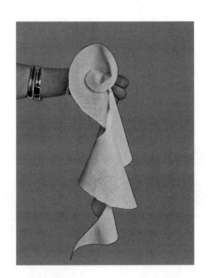

图3-33 螺旋面料的造型

（三）圆环

如图3-34所示，取环形面料，由后至前套在人台上，上部圆环向外翻折形成领子，前中搭叠，手臂从内圆伸出，圆环便成为露背马夹。

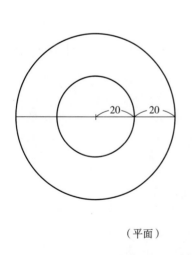

（平面）　　　　（正面）　　　　（背面）

图3-34 整体环形面料的造型

将环形面料沿辅助线剪开并拉直，便呈现荷叶边的效果，如图3-35所示。

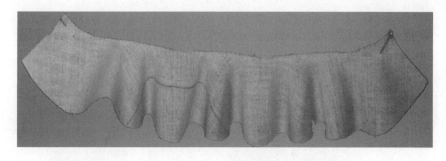

图 3-35 荷叶边造型

（四）扇形

如图 3-36 所示，扇形面料卷绕后形成锥型筒状，可作为一种装饰元素应用于服装中，扇形的角度及大小可根据设计调整。

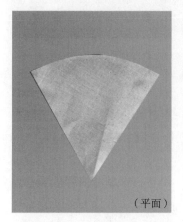
（平面）

（成型）

（应用）

图 3-36 扇形面料的造型

（五）1/2 椭圆

如图 3-37 所示。取一半的椭圆形面料，以固定位置为中心，往复折叠，自然下垂形成梯状波纹。

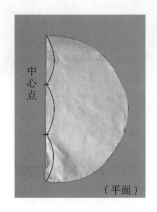
中心点
（平面）

（成型）

图 3-37 1/2 椭圆形面料的造型

（六）1/4 椭圆卷绕

如图 3-38 所示，取椭圆的四分之一，黏衬后打卷，长边在里，短边在外，修剪后可形成梯度上升的卷筒造型，也可作为装饰元素应用于服装中。

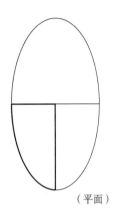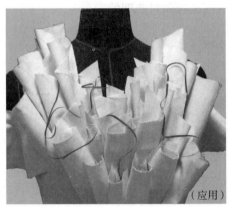

（平面）　　　　　　　　（成型）　　　　　　　　（应用）

图 3-38　1/4 椭圆形面料的造型

四、月牙形

如图 3-39 所示，将多个月牙形拼接后形成瓜瓣状的立体造型，可用于造型夸张的袖型或裙身。

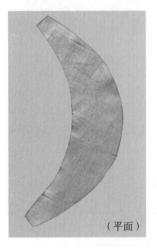

（平面）　　　　　　　　（成型）　　　　　　　　（应用）

图 3-39　月牙形面料的造型

第三节　服装材料的造型特征

立体裁剪的主要面料是白坯布，有些造型和款式也会需要一些装饰性面料。

一、白坯布的造型特征

白坯布是立体裁剪的主要面料，造型过程中虽然不能改变面料本身具有的特征，但是可以根据需要合理利用其特征。

（一）面料纱向对造型的影响

面料的外观及垂感等特性除了与原材料有关外，还与纱向有密切关系。立体裁剪用的白坯布由经纱纬纱交织而成，经向纱线捻度大、强度大、弹性小，排列紧密，顺经纱方向硬挺、悬垂性较好、造型稳定。纬向纱线捻度较小、强度较差，弹性比经纱略大，顺纬纱方向垂感最差，保型性也较差。正斜向是经纬纱间 45° 方向，此方向面料弹性最大，保型性也最差。

同一种面料，相同的形状，取不同纱向做成的波浪裙效果不同，如图 3-40 所示（画线为经纱方向）。应用中，为保证整体造型的对称且稳定，通常要求经纱方向与造型的对称轴线（前、后中心线）平行；为保证造型轮廓的稳定性，则要求经纱方向与轮廓线平行；当设计要求既体现形体曲线又不加入省道时，通常要求轮廓线用斜纱方向。如果纱向有问题，服装穿着时会出现扭曲，松垂或拉皱现象，如下摆不齐，波浪不匀等，这些并非结构问题。

图 3-40　不同纱向的造型对比

通常需要保证经纱方向的位置有前中心线、后中心线（后片无拼接）、背宽线（后中拼接）、裤子前后烫迹线。需要保证纬向方向的部位有胸围线（上衣前片）、肩胛线（上衣后片）、臀围线（裙子、裤子）等。

（二）厚度对造型的影响

相同的形状，取相同的纱向，用不同厚度的白坯布做成的波浪裙，效果如图 3-41 所示（画线为经纱方向）。

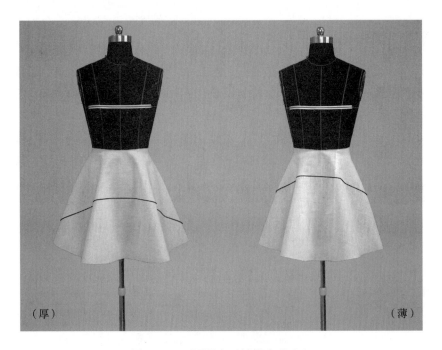

图 3-41　不同厚度面料的造型对比

（三）附加黏合衬对造型的影响

　　白坯布附加黏合衬之后，硬挺度明显增加，同时厚度增加，重量加大。需要硬挺的夸张效果时，通常选用无纺布黏合衬，黏贴后面料的造型如图 3-42 所示。

图 3-42　附加黏合衬的面料造型对比

二、装饰性材料的造型特征

　　立体裁剪中常用纱质材料作装饰，有欧根纱、网眼软纱、网眼硬纱等。欧根纱材质轻薄、透明，有膨胀感、漂浮感，多用于服装表面的装饰。网眼软纱材质轻柔、透明，有下垂感，也用于服装表面的装饰。网眼硬纱材质硬挺、透明，有膨胀感，多用于塑造夸张造型或者作为服装造型的支撑材料。

　　市场上新型的装饰面料层出不穷，立体裁剪中需要时，可以根据造型要求适当选用。

课后练习

　　收集上衣款式，要求衣身分别采用收省、分片、叠裥、出褶的方法，每种方法至少 5 款。

衣片的立体裁剪（一）

课程名称：衣片的立体裁剪（一）

课程内容：1．收省式衣片立体裁剪

2．分片式衣片立体裁剪

上课时数：4 课时

教学提示：收省和分片是实现合体塑型的两种基本方法，第二单元介绍的原型衣片就是通过收省实现合体塑型的。省在衣片上的应用广泛，可以方便地找到各具特色的实例，一方面训练学生确定省量、把握省形的能力，另一方面也逐步培养对立体造型设计的感觉。分片的操作较为简单，可以提示引导学生独立完成，注意针法的规范性要求。

教学要求：1．使学生掌握省量转移的基本方法。

2．使学生掌握各部位松量的预留方法及基础值。

3．使学生掌握余量的分解处理方法。

4．使学生掌握通过分片处理余量的方法。

5．使学生具备一定的独立操作能力。

第四单元 衣片的立体裁剪（一）

【准备】

一、知识准备

为保证造型的稳定性与舒适性，服装上对应人体最凸出部位需有一定松量的外包围（最大外包围），其相邻部位便会出现余量。因此，要实现合体造型，需合理处理这些余量，常用的方法有收省、分片、叠裥、出褶四种。

收省是将某一部位的余量以一定角度去掉。省的位置、形状、数量等可以根据款式要求变化。收省的方法广泛用于合体型的衣身中。

分片是将基本衣片分割成多片，与省相关的分割可以处理余量，而且比省道设计更容易达到合体效果，称为结构性分割，如公主线、刀背线等；与省无关的分割称为装饰性分割，目的只是满足款式外观要求，多见于童装和休闲类服装。

二、材料准备

本单元需用幅宽 160cm 的白坯布约 170cm，打板纸五张，标记带少量。

如图 4-1 所示准备各片面料，将撕取好的面料烫平、整方，分别画出经纬纱线。

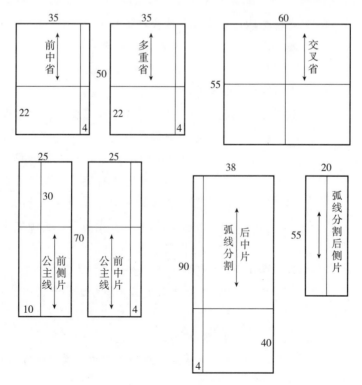

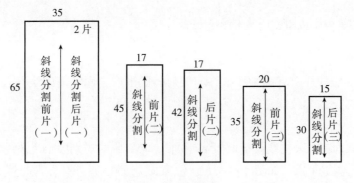

图 4-1 备料图

三、工具准备

所需工具

熨斗、软尺、方格尺、曲线尺、剪刀、大头针及针插、铅笔、彩色铅笔、描线器等。

第一节 收省式衣片立体裁剪

一、前中收省衣片

（一）款式说明

如图 4-2 所示，此款式衣身合体，前片中线位收胸省，左右连裁既可以收在胸围线以上，也可以收在胸围线以下。

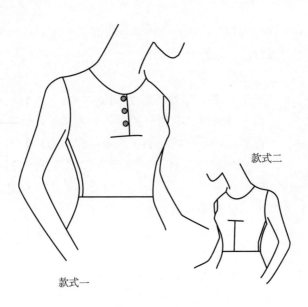

款式二

款式一

图 4-2 款式图

（二）操作步骤与要求（以款式一为例）

1. 固定前中线

取本款面料，经向线对齐前中线，纬向线对齐胸围线，固定前中线上点；沿前中线向下捋顺，跨过胸高区，贴合腰部，固定下点，如图 4-3 所示。

2. 固定腰部

沿腰围线捋顺面料，公主线处掐取 1.5cm 松量，单针临时插别固定，腰线以下打斜向剪口，使腰部服帖，固定侧缝下点，如图 4-4 所示。注意，边理顺边打剪口，防止剪口超过净线。

3. 固定侧缝

沿胸围线捋顺面料，胸高点处掐取 2cm 松量，临时固定；保证侧缝处服帖后固定侧缝上点，如图 4-5 所示。

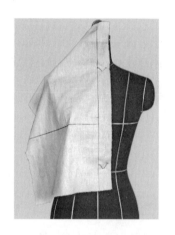

图 4-3　固定前中线

图 4-4　固定腰部

图 4-5　固定侧缝

4. 固定肩线

保留袖窿松量 1cm（临时固定），将余量轻推至肩部，固定肩点；将余量继续向领口轻推，确认肩部服帖后固定颈肩点，如图 4-6 所示。

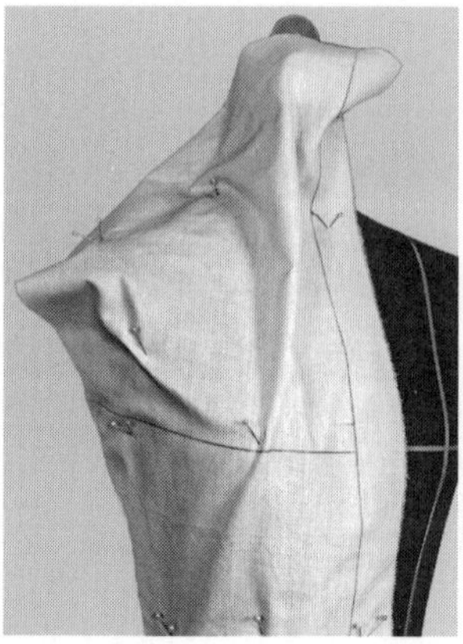

5. 修剪

留 2cm 缝份，修剪侧缝、袖窿、肩线处余料，如图 4-7 所示。修剪时注意避开固定针，如果固定针影响修剪，调整针位后再剪。调整针位增加了无效动作，影响效率，因此固定时应注意位置的最佳选择，既要保证衣片不错位，又要尽可能不影响修剪。各部位固定针的具体位置参见衣片原型。

6. 余量推至前中

取下前中线上点固定针，将余量推至前中部位，重新固定上点，如图 4-8 所示。

7. 修剪领口弧线

留 1.5cm 缝份，修剪领口，并打适量剪口（以领口服帖为宜），如图 4-9 所示。注意，少剪多修，先粗后细，避免剪缺。

图 4-6　固定肩线

图 4-7　修剪

图 4-8　余量推至前中

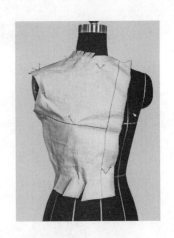

图 4-9　修剪领口

8. 别合胸省

将余量沿胸围线向上折进，横别前中线处省口，省尖距胸高点 2cm；与前中下部平齐，修剪前中上部余料，如图 4-10 所示。注意省量的控制，保证衣片在左右胸高点间处于同一高度，如果省量过大，会使衣片前中凹进，不符合款式要求。另外，省边线要求与前中线垂直，左右对称后省缝呈水平线。

9. 剪省中线

沿省中线剪开至距省尖 3cm 处，以便做门襟，如图 4-11 所示。

10. 做轮廓线及省位记号

进一步修剪腰线、袖窿（间距 2cm 打剪口），折净前中、领口、袖窿及底摆，完成衣片整体造型，如图 4-12 所示。注意，前中上部留出 1.5cm 搭门量。

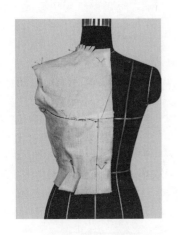

图 4-10　别合胸省

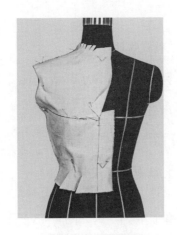

图 4-11　剪省中线

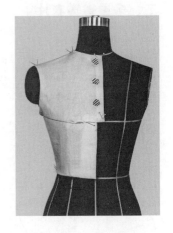

图 4-12　衣片完成图

11. 裁片

取下衣片，进行平面修正，得到裁片如图 4-13 所示（左片为款式二裁片）。如果没有较大改动，可以省略整体确认，直接拷贝纸样备用，后文各款均按此方法处理。

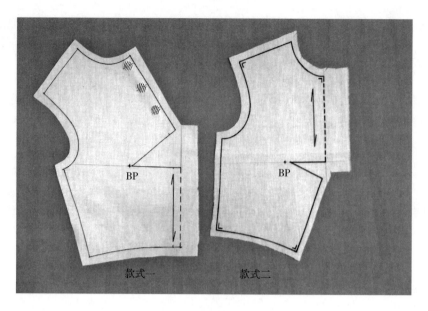

款式一　　　　款式二

图 4-13　裁片

（三）课堂练习

参照以上方法完成图 4-2 所示款式二。注意，将余量顺时针推至前中线后再修剪腰部。

比较图 4-13 所示的两片裁片可以发现：虽然从平面几何角度讲，两裁片形状完全一致，但是两衣片各部位纱向并不相同，经纱的不同取向使得款式发生了变化，因此在立体裁剪中纱向是很重要的。

二、多重省道衣片

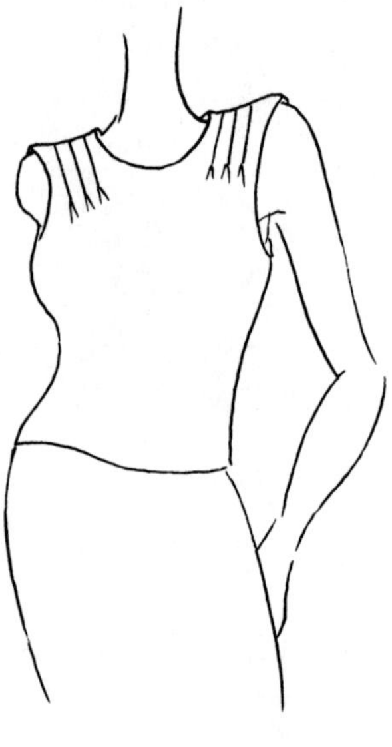

（一）款式说明

全部省量在肩部，平均分为三份，以塔克省的形式表现，形成多重省道，如图 4-14 所示。

（二）操作步骤与要求

1. 确定省量

参照前中收省的操作方法，将衣片余量集中在肩部，平均分成三份临时固定，如图 4-15 所示。

2. 别合省道

分别向前中折进余量，理顺省缝，使三省平行，别合省道至距胸高点约 12cm 处，如图 4-16 所示。

3. 完成衣片

修剪肩部余料，做轮廓线及省位记号，折净领口、袖窿及底摆，完成衣片整体造型，如图 4-17 所示。注意，袖窿缝份需要

图 4-14　款式图

图 4-15　确定省量

图 4-16　别合省道

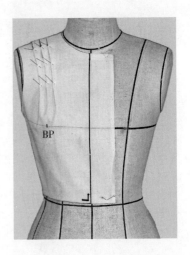

图 4-17　衣片完成图

间距 2cm 打剪口。

4. 裁片

取下衣片，进行平面修正，得到裁片如图 4-18 所示。拷贝纸样备用。

（三）课堂练习

图 4-19 所示为领口多省道款式，参照前述方法完成该款操作。提示注意，需要将全部余量集中在领口处。

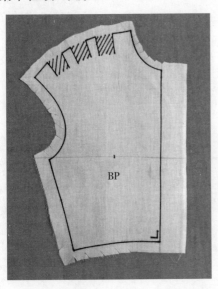

图 4-18　裁片

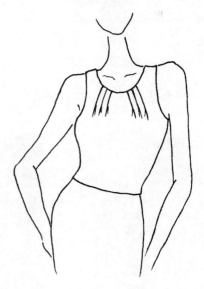

图 4-19　款式图

三、交叉省道衣片

（一）款式说明

左、右腰省在胸围线下呈"Y"形交叉于前中线，如图 4-20 所示。

图 4-20 款式图

图 4-21 固定

（二）操作步骤与要求

1. 固定

取本款面料，V 形双针固定前中上、下点以及两侧胸高点，胸高点与前中线间应保留 0.5cm 松量，从上口沿前中经向线剪开至颈根线上 1.5cm 处，如图 4-21 所示。

2. 修剪

领口适量打剪口，使颈部面料平服并保留 0.3cm 松量，保持胸上部平服向肩点方向推平面料，固定肩点，修剪肩缝，袖窿及胸围保留 1cm 松量固定腋下，修剪袖窿，在侧缝处向下推平面料，固定侧缝下点，修剪侧缝，余量全部转移至腰线上，如图 4-22 所示。塑造造型时，尤其在松量控制上要注意对称。

3. 定左侧腰省

拔掉固定前中下点的针，将人台左侧腰部余量由侧缝开始从左向右推移，不平服的地方要打剪口，注意剪口方向为 45° 斜纱向，剪口深度为距腰节线 1cm，数量不宜太多，腰部要保留 1cm 松量。照此方法将余量全部推至右侧公主线处，将余量竖起并在左右无间隔分别固定，记录腰线上竖起余量两侧的位置及余量与前中线的交点，如图 4-23 所示。

4. 剪开

沿余量的中折线剪开至超过前中线 3cm 处，如图 4-24 所示。

图 4-22 修剪

图 4-23 定左侧腰省

图 4-24 剪开

5. 定右侧腰省

如图 4-25 所示，拆掉固定左侧余量的针，掀开左侧衣片，将右侧余量按照对称的斜度向人台左侧固定，将余量在腰部进行推移的同时打剪口，使腰部平服，将余量推移至前中线上的交叉点标记处，上下无间隔固定后记录点的位置。

6. 做右侧省

如图 4-26 所示，通过记录点将右侧余量以省道形式固定，省中线折向下，省尖点距胸高点 1.5cm。

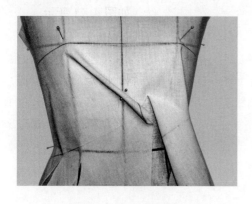

图 4-25 定右侧腰省

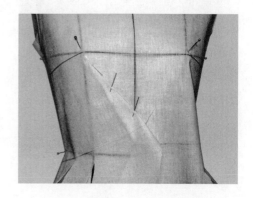

图 4-26 做右侧省

7. 做左侧省

按照记录点将左侧余量按省道形式固定，省尖点同样距胸高点 1.5cm，使左、右两个省道呈 "Y" 形相交于前中线上，修剪腰部多余面料，如图 4-27 所示。

8. 整体造型

折净腰线后观察整体造型，满意后做轮廓线及省道位置的记号，如图 4-28 所示。

图 4-27 做左侧省

图 4-28 整体造型

9. 裁片修正

取下衣片，进行平面修正，得到裁片如图 4-29 所示。确认后拷贝纸样备用。

（三）课堂练习

图 4-30 所示为省道的其他应用方式，可以参照以上方法完成造型。

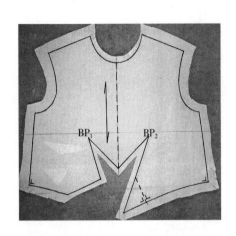

图 4-29　裁片

图 4-30　款式图

第二节　分片式衣片立体裁剪

一、公主线分割衣片

（一）款式说明

通称的公主线是在衣身的前、后片上，由肩缝中点经胸高点（肩胛点）到腰围线（底摆）位置的弧线分割形式，与人台前、后的公主线标记带位置一致，如图 4-31 所示。

（二）操作步骤与要求（以前公主线为例）

图 4-31　款式图

1. 固定前中片

如图 4-32 所示，取本款前中片面料，经、纬纱向分别对齐前中线与胸围线，固定前中上点、下点及胸高点。

2. 修剪前中片

修剪领口并打剪口，使颈部及肩部合体，固定颈肩点，在胸围、腰围及下摆处留出 1cm 松量，固定公主线上点、胸高点、公主线下点；留 2cm 缝份，按照人台公主线修剪前中片公主线，并在胸围线及腰围线处打剪口，如图 4-33 所示。

3. 固定前侧片

取本款前侧片面料，经、纬纱向分别对齐胸宽垂线、胸围线，固定公主线一侧的上点、胸高点、公主线下点，如图 4-34 所示。

图 4-32 固定前中片

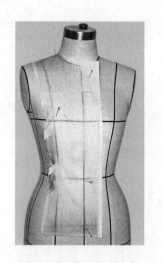
图 4-33 修剪前中片

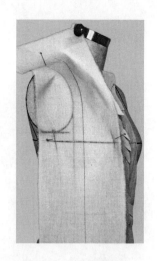
图 4-34 固定前侧片

4. 修剪余料

如图 4-35 所示，袖窿处保留适当松量（约 1cm），固定肩点；胸围线、腰围线及臀围线上分别留出 1cm 松量，固定侧缝上、下点，留 2cm 缝份，依照公主线及侧缝线剪去多余面料。同样在胸围线及腰围线处打剪口。

5. 掐别公主线

如图 4-36 所示，前中片与前侧片沿公主线掐别，注意观察各部位松量。

6. 折别公主线

整体效果满意后，折别公主线，缝份倒向前中，如图 4-37 所示。

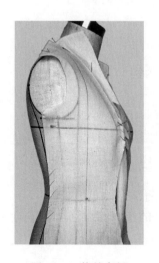
图 4-35 修剪余料

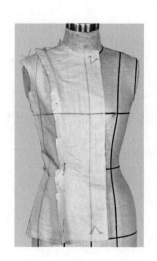
图 4-36 掐别公主线

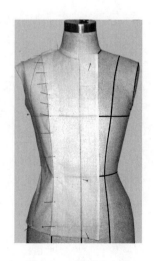
图 4-37 折别公主线

7. 完成衣片

做轮廓线及腰部对位点记号，折净底摆，完成前片公主线分割的制作，如图 4-38 所示。

8. 裁片

取下衣片，进行平面修正，得到裁片如图 4-39 所示。拷贝纸样备用。

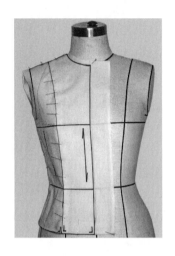

图 4-38　完成图

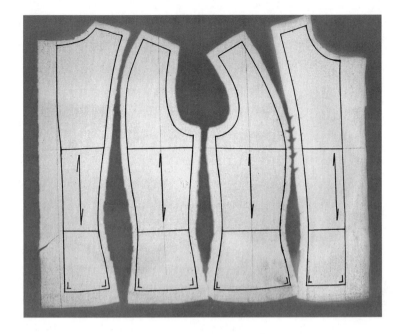

图 4-39　裁片

（三）课堂练习

参照以上方法完成后片公主线的立体制作，裁片如图 4-39 所示。

二、公主线位置弧线分割衣片

（一）款式说明

如图 4-40 所示，低领口直身吊带裙，后片沿公主线纵向弧线分割，腰节线以下自然过渡至臀围线侧缝位置。

（二）操作步骤与要求（以后片为例）

1. 贴标记带

如图 4-41 所示，在人台对应位置贴出吊带与分割线标记。

2. 固定后中片

如图 4-42 所示，取本款后中片面料，画好的经、纬线分别对齐人台后中线、臀围线，固定后中线上点及下点；胸围留松量约 1cm，臀围留松量约 3cm，固定分割线上、下点。

3. 修剪分割线

沿标记带别出分割线位置，留 3cm 缝份，剪去分割线外侧余料，腰围线以下弧线部位打小剪口，如图 4-43 所示。

图 4-40　款式图

4. 固定后侧片

取本款后侧片面料，经向线与背宽标记带平行，胸围留松量约 1cm，臀围留松量约 3cm，

图 4-41 贴标记带

图 4-42 固定后中片

图 4-43 修剪分割线

分别固定分割线与侧缝线的上、下点，如图 4-44 所示。

5. 修剪后侧片

如图 4-45 所示，别出分割线位置，留 3cm 缝份，修剪余料。

6. 折别分割线

后中片压后侧片折别分割线，如图 4-46 所示。注意，先别合上口、腰位、侧缝三点，确认各区域对应线等长后，再等间距别合。弧线部位需要将剪口处稍用力拨开，以保证平服。

图 4-44 固定后侧片

图 4-45 修剪后侧片

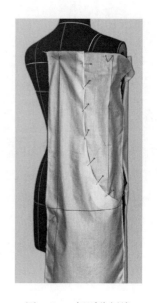

图 4-46 折别分割线

7. 完成衣片

固定吊带，做轮廓线及吊带位置记号，折净上口与底摆，完成造型，如图 4-47 所示。

8. 裁片

取下衣片，进行平面修正，得到裁片如图 4-48 所示（不含吊带）。拷贝纸样备用。

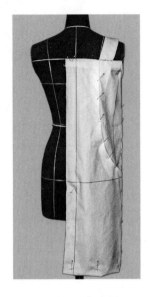

图 4-47　完成图

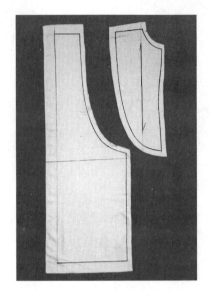

图 4-48　裁片

（三）课堂练习

根据以上方法，独立完成该款弧线分割的造型。

三、斜向分割衣片

（一）款式说明

如图 4-49 所示，该款式为左肩裸露的不对称衣片，前、后均有两条斜向分割线，这些线条既有转移胸省、腰省的作用，同时又有很强的装饰效果，右侧肩部面料延伸形成盖袖，下摆在分割线处呈现不规则的效果，与衣身相呼应。

（二）操作步骤与要求

1. 贴标记带

如图 4-50、图 4-51 所示，按照款式图贴标记带，标示出领口、分割线及省道所处的位置。

2. 固定前片（一）

图 4-49　款式图

如图 4-52 所示，取本款前片（一）面料，领口方向取经向固定，在右侧肩点、袖窿分割点、左侧腋下固定。

3. 别侧省

如图 4-53 所示，推平领口，注意胸上部要合体，不能有松量，尽量将松量推至侧缝处，

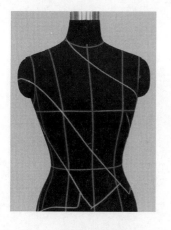

图 4-50　贴标记带（前）

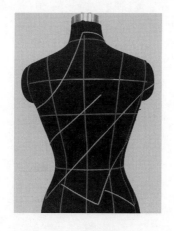

图 4-51　贴标记带（后）

图 4-52　固定前片（一）

并将一部分腰省量也转移至侧缝处，得到侧缝省道后固定，在腰部不平服处打剪口。

4. 修剪

如图 4-54 所示，在领口处打剪口并折净，修剪分割线余量及底摆方角造型。注意盖袖部分要保留。

5. 固定前片（二）

如图 4-55 所示，在袖窿及腰部固定，注意保留松量。

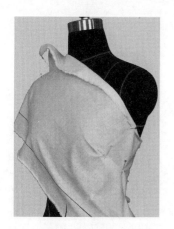

图 4-53　别侧省

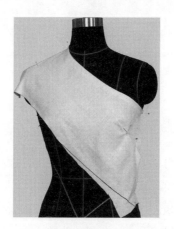

图 4-54　修剪

图 4-55　固定前片（二）

6. 别合接缝

如图 4-56 所示，修剪多余面料后，上压下折别固定分割线。

7. 完成前身

如图 4-57 所示，按前述方法制作前片，前身部分制作完成。

8. 固定后片（一）

如图 4-58 所示，与前片（一）制作方法相同，固定后片（一）。注意保留后身立领高度及盖袖宽度，将余量推至与分割线平行的方向。

9. 剪开省中线

如图 4-59 所示，由于后背省为弧形省，所以先沿省中线方向剪开口，方便操作，腰部

图 4-56　别合接缝

图 4-57　完成前身

图 4-58　固定后片（一）

打剪口铺平。

10. 修剪整理

如图 4-60 所示，别合省道，修剪后背露肩部位，后领口打剪口折净，对合肩缝，修剪分割线及底摆处余料。

11. 完成后身

如图 4-61 所示，采用相同方法将后片（二）与后片（三）做好，在分割线处折别固定。

图 4-59　剪开省中线

图 4-60　修剪整理

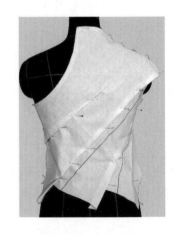

图 4-61　完成后身

12. 完成造型

如图 4-62 ~ 图 4-64 所示，对合侧缝，注意保留各部位的松量。按照款式效果修剪底摆并扣净缝份，观察效果是否符合要求。

13. 裁片修正

做标记，取下衣片，进行平面修正，得到裁片如图 4-65 所示。确认后拷贝纸样备用。

（三）课堂练习

图 4-66 所示款式同样是分割线设计，可以参考以上方法完成造型。

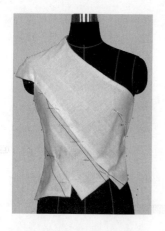
图 4-62　完成图（正面）

图 4-63　完成图（背面）

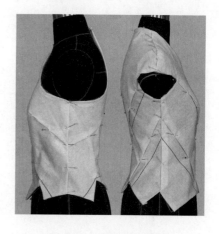
图 4-64　完成图（侧面）

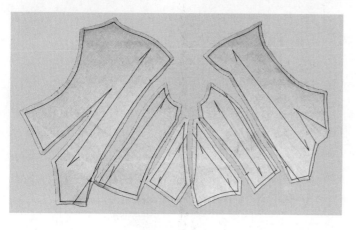
图 4-65　裁片

图 4-66　款式图

课后练习

图 4-67 所示为收省与分片应用的服装款式，参照本单元学习的操作方法选择两款独立完成立体造型设计。

图 4-67　款式图

衣片的立体裁剪（二）

课程名称：衣片的立体裁剪（二）

课程内容：1. 叠裥式衣片立体裁剪

2. 出褶式衣片立体裁剪

上课时数：4课时

教学提示：叠裥和出褶也是实现立体塑型的基本方法，本单元在规范操作的前提下，可以鼓励学生的创新性。操作过程中一定注意考虑实际穿着要求，放松量的确定与分配不容忽视。在衣片设计过程中，除了以上的几种造型方法，还有其他方法，也可以几种方法组合运用。

教学要求：1. 使学生掌握叠裥与出褶的基本方法。

2. 使学生掌握衣片全部余量集中的操作方法与要求。

3. 使学生熟悉并掌握各种造型方法的实现过程。

4. 使学生具备一定的分析简单款式、判断塑型方法的能力。

5. 使学生具备一定的独立操作能力。

第五单元　衣片的立体裁剪（二）

【准备】

一、知识准备

　　叠裥是在款式需要的某个位置将余量有规则叠进，完成合体塑型。但余量处于半固定状态，外观效果比收省更富于变化。当需要塑造夸张造型时，可以通过加大叠裥量的方式解决。叠裥具有明显的折叠方向，多个裥顺向排列时形成顺裥；两裥相向排列时形成暗裥；两裥相背排列时形成明裥。裥也可以不倒向任何一侧（呈直立状态），形成立裥。

　　出褶与收省、分割、叠裥的区别在于其区域性，即只能在一定范围内收缩余量，而不能在某一位置将全部余量准确去掉。出褶后，余量形成不规则褶纹，造型的稳定性与精确性都较差。此方法同样可以通过增加褶量的方式塑造夸张造型。

二、材料准备

　　本单元需用幅宽 160cm 的白坯布约 190cm，打板纸六张，标记带少量。

　　如图 5-1 所示准备各片面料，将撕取好的面料烫平、整方，分别画出经纬纱线。

三、工具准备

所需工具

熨斗、软尺、方格尺、曲线尺、剪刀、大头针及针插、铅笔、彩色铅笔、描线器等。

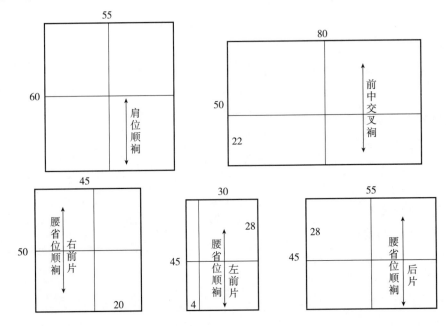

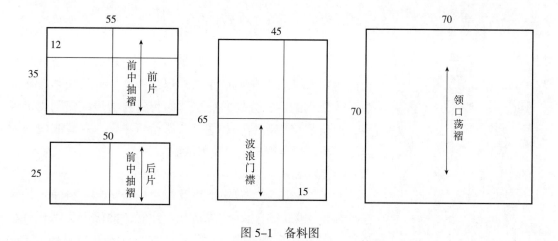

图 5-1　备料图

第一节　叠裥式衣片立体裁剪

一、肩位顺裥衣片

（一）款式说明

如图 5-2 所示，此款为合体衣身，左肩部向颈侧叠出三个指向胸部的弧形裥。

（二）操作步骤与要求（参照第四单元第一节内容）

1. 固定前中线及侧缝

取本款面料，保持经向线与前中线一致，纬向线与胸围线一致，固定前中上点，跨过胸高区，贴合腰部，固定前中下点；右侧腰线以下打剪口，理顺衣片（注意边理顺边打剪口，防止剪过），腰围保留 1.5cm 松量，将余量推至上部，固定侧缝下点；胸围保留 1.5cm 松量，固定侧缝上点，如图 5-3 所示。

2. 修剪

袖窿保留 1cm 松量，捋顺肩部，将余量推至右领口，固定肩点、颈肩点；修剪侧缝、袖窿、肩线；取下前中上点右固定针，将余量推至前中线，保留右领口松量（约 0.3cm），原位重新固定前中上点右针（两针之间固定了右片余量）；修剪右侧领口，注意少剪多修，避免剪缺，如图 5-4 所示。

3. 固定左侧余量

采用同样方法与要求，将左侧衣片余量推至左肩部固定；修剪左侧缝、袖窿，如图 5-5 所示。

4. 集中余量

将右侧余量也推至左肩，固定颈肩点；修剪左领口，保留松量（约 0.3cm），同样注意

图 5-2　款式图

图 5-3　固定前中线及侧缝

少剪多修，如图 5-6 所示。

5. 固定各裥

将余量适当分为三份，调整间距，整理折边，使其分别指向左右胸高点与胸线前中点；退后观察，确认线条自然美观，效果满意后，分别向肩点方向折进并沿肩线横别固定各裥，沿肩线修剪余料，如图 5-7 所示。注意，左肩线应该固定全部裥以后再修剪，以免剪缺。

6. 完成衣片

如图 5-8 所示，做轮廓线及左肩裥位记号，折净衣片底摆、袖窿、领口毛边，完成造型。注意，袖窿上也需要打小剪口，间距小于 2cm。

7. 裁片

取下衣片，进行平面修正，得到裁片如图 5-9 所示。确认后拷贝纸样备用。

图 5-4　修剪

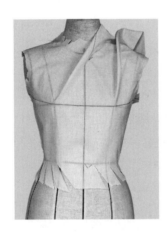

图 5-5　固定左侧余量

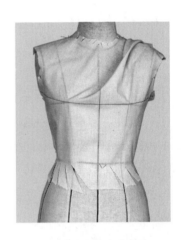

图 5-6　集中余量

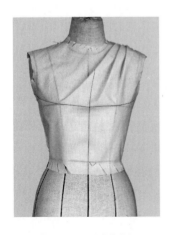

图 5-7　固定各裥

图 5-8　完成图

图 5-9　裁片

（三）课堂练习

根据以上方法与要求，独立完成该款顺向多褶衣片的造型。

二、前中交叉褶衣片

（一）款式说明

如图 5-10 所示，该款上衣基本合体，方形低领口，前中领口处有对称交叉褶。

（二）操作步骤与要求

1. 贴标记带

根据款式要求在人台上贴出领口及交叉叠褶的定位标记，如图 5-11 所示。注意，左、右折线相交于前中线，保证对称性。

2. 固定前中线

取本款面料，经纬向画线分别与人台前中线、胸围线对齐，固定前中上、下点，如图 5-12 所示。

3. 固定侧缝

左、右侧腰部各留出 1.5cm 松量，固定侧缝下点；腰节线下打剪口，使腰部平服；将余量推至袖窿，左、右侧胸部各留出 2.5cm 松量，固定侧缝上点，如图 5-13 所示。

图 5-11　贴标记带

图 5-12　固定前中线

图 5-13　固定侧缝

图 5-10　款式图

4. 清剪余料

袖窿留出 1cm 松量，固定肩点；右侧余量推至领口，固定颈肩点；留出 2cm 缝份，清剪右侧缝、袖窿、肩线、竖领口余料（横领口需在固定褶后修剪）；同样的方法修剪左侧，并将余量固定于肩部，如图 5-14 所示。

5. 叠右侧裥

取下前中上点固定针，将右侧余量轻推至中线左侧，分为两份（上小下大），沿标记方向相背折叠，形成约 5cm 宽的明裥，如图 5-15 所示。

6. 翻下右裥

为了左侧裥的插入，需要沿前中线向下剪开至下方裥暗折边（反面的折边），转而沿暗折边继续剪开，直至超过左侧裥标记线；剪开上方裥暗折边，同样需要剪至超过左侧裥标记线；剪开后，翻下右裥，刚好露出左裥标记带，如图 5-16、图 5-17 所示。

图 5-14　清剪余料　　　　　　图 5-15　叠右侧裥　　　　　　图 5-16　剪开暗折边

7. 完成左侧裥

采用同样方法，对称完成左侧裥，留 1.5cm 修剪领口，如图 5-18 所示。注意，裥的大小与方向限制了领口的最高位置。

8. 完成衣片

如图 5-19 所示，做轮廓线及左、右折裥位记号，折净衣片底摆、袖窿、领口毛边，完成造型。注意，领口转折处需要打深剪口，距离净线 0.2cm。

图 5-17　翻下右裥　　　　　　图 5-18　完成左侧裥　　　　　　图 5-19　完成衣片

9. 裁片

取下衣片，进行平面修正，得到裁片如图 5-20 所示。确认后拷贝纸样备用。

（三）课堂练习

图 5-21 也是一款交叉裥合体上衣，裥位变化至腰口，参照以上方法完成该款。注意，折裥量的分配应上大下小。

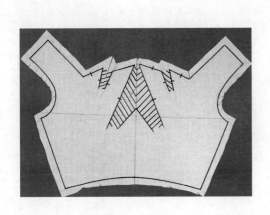

图 5-20 裁片

图 5-21 款式图

三、腰省位叠裥衣片

（一）款式说明

此款衣身合体，呈不对称造型，左侧衣片收腰省，右侧衣片至左省位，均匀叠出三个顺向裥夹入左省中，V 型低领口左右对称，如图 5-22 所示。

（二）操作步骤与要求

1. 贴标记带

根据款式图，在人台上贴出领口及袖窿标记线，贴附时要注意左右对称，线条顺畅，如图 5-23 所示。

2. 固定左前片

取本款左前片面料，经、纬纱向线分别与人台标记线对齐，固定领深点、前中下点、胸高点，胸高点与前中线间应保留 0.5cm 松量。

3. 修剪左前片

在胸上部铺平面料后修剪领口，固定颈肩点、肩点；修剪肩

图 5-22 款式图

缝，袖窿保留 1cm 松量，胸围线上胸高点至侧缝间保留 1cm 松量，固定腋下点，修剪袖窿。注意，沿胸围线共留出约 1.5cm 松量。

4. 集中省量

此时可以观察到面料上的胸围辅助线向下偏移，说明胸上部由于胸凸引起的余量已经转移至腰部，在侧缝处向下铺平面料，固定侧缝下点。全部省量集中在腰线处，如图 5-24 所示。

5. 确定省位

省位定于公主线处，从侧缝处开始将腰部余量推至前中处，同时打剪口保持腰部平服，公主线处用双针固定，在腰围线上公主线与侧缝间留出约 0.5cm 松量，如图 5-25 所示。

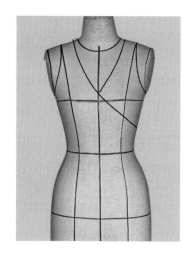

图 5-23　贴标记带

图 5-24　集中省量

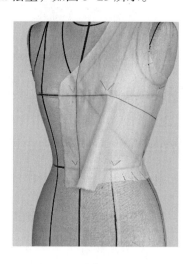

图 5-25　确定省位与省量

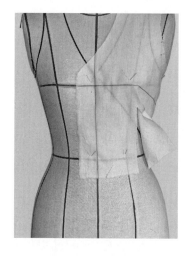

图 5-26　修剪省边

6. 修剪省边

采用相同方法从前中向侧面推移余量，公主线与前中线在腰围线处松量也为 0.5cm，公主线处双针固定，从而达到了省道的左右无间隔固定，确定了省量。从省中线剪开至右前片上口标记线以上 2cm 处，如图 5-26 所示。

7. 别省

将省中线倒向侧缝，在公主线上采用折别法别合省缝，省尖点在胸高点下 1.5cm 处，左前片完成，如图 5-27 所示。

8. 制作右前片

将左前片掀开，制作右前片，操作方法与左前片基本相同。取本款右前片面料，对齐辅助线固定衣片，将胸上部余量转移到腰部，从右侧缝向前中处推平面料，同时打剪口保持腰部平服，拔掉前中下点的固定针，在腰部保留 1cm 松量后重新固定前中下点，这样余量将集中在前中线处，继续在腰部推平面料至左侧公主线处，保留 0.5cm 松量后固定。右侧领口处抚平面料，在左侧公主线上固定领口止点，如图 5-28 所示，余量集中在左侧公主线上，粗略修剪各处余料。

9. 均分余量

将余量平均分成三份，分别向上折叠，在公主线处折别固定各裥，注意间距要尽量均匀，如图 5-29 所示。

图 5-27　别省　　　　　　　图 5-28　集中省量　　　　　　图 5-29　均分余量

10. 修剪

裥固定好后，再次检查各部位，领口不能有浮起，袖窿及腰部松量要保留，检查完成后保留 2cm 缝份，再次修剪右前片余料，如图 5-30 所示。

11. 固定腰省

重新固定左前片，打开左侧省缝，将右前片各裥夹入左前片省缝中再次固定，如图 5-31 所示。

12. 完成后片

后片的制作方法与原型后片相同，取本款后片面料，按照标记线将袖窿及领口修剪后即可，如图 5-32 所示。

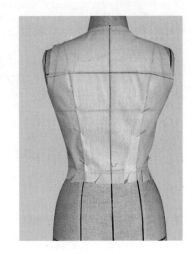

图 5-30　修剪　　　　　　　图 5-31　固定腰省　　　　　　图 5-32　后片

13. 完成造型

前压后别合肩缝、侧缝，扣折底摆及领口缝份，完成造型。全方位检查效果并做全记号，如图5-33～图5-35所示。

 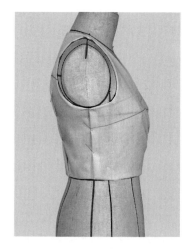 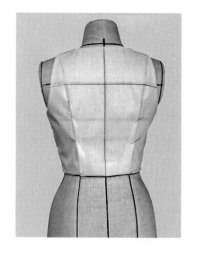

图5-33　完成图（正面）　　　　图5-34　完成图（侧面）　　　　图5-35　完成图（背面）

14. 裁片修正

取下衣片，进行平面修正，得到裁片如图5-36所示。确认后拷贝纸样备用。

（三）课堂练习

图5-37所示款式也是将前身余量在领口处以叠裥形式处理，参照本节方法完成造型。

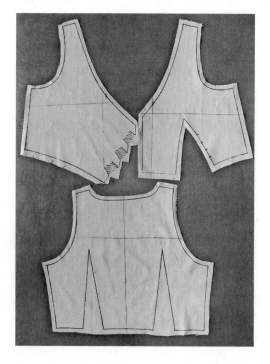 

图5-36　裁片　　　　　　　　　　　　　　图5-37　款式图

第二节　出褶式衣片立体裁剪

一、前中出褶衣片

（一）款式说明

如图 5-38 所示，此款式衣身合体，露肩，前身胸部中间出褶。

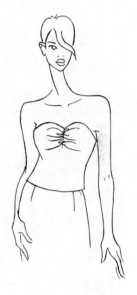

（二）操作过程及要求

1. 贴标记带

按款式要求在人台上贴好辅助造型的标记带，粘贴时注意保持中线两侧要尽量对称，如图 5-39 所示。

2. 固定前中线

取本款前片面料，腰节线以下留 5cm 余量，固定前中上、下点。

3. 固定侧缝

将腰部余量从中间向两侧推移，一边推移一边打剪口以保持腰部面料平服，腰围线上的松量为 1cm，胸围线上的松量可以少一点，保持松量的同时固定侧缝上、下点，修剪侧缝。注意，侧缝上、下点之间无余量，如图 5-40 所示，余量集中在胸部以上。

图 5-38　款式图

4. 修剪

拔掉前中上点固定针，将余量从上口抹至前中处，根据标记线修剪上口处多余面料，保留缝份 2cm，如图 5-41 所示。

图 5-39　贴标记带

图 5-40　固定侧缝

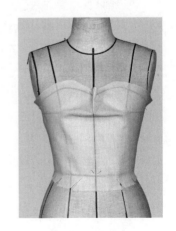

图 5-41　修剪

5. 剪开叠进

沿前中线剪开至胸围线下 3cm 处，将上口余量叠进后折别固定，如图 5-42 所示，余量

图 5-42 剪开叠进

将全部集中在前中线上两胸高点之间。

6. 出褶

用手针在前中线上串缝后抽缩前中余量，经整理后在前中线上形成自然的碎褶效果。注意，串缝时针距要均匀且不宜太大，否则会影响造型，如图 5-43 所示。

7. 固定后片及修剪

前片制作完成后在侧缝处做好标记，取本款后片面料，对齐纱向线，固定后中上、下点，腰节线以下保留 7cm 余量，由于不通过肩胛突点，所以后片无须做省。腰部斜向打剪口，从中间向两侧推平面料，腰部保留 1cm 松量，上口松量不宜过大，然后固定侧缝，修剪四周余料，如图 5-44、图 5-45 所示。

图 5-43 出褶

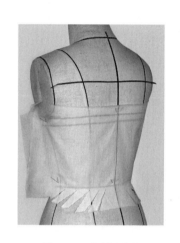

图 5-44 固定后片

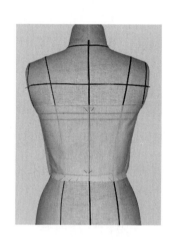

图 5-45 修剪

8. 接合前、后片

在侧缝处用折别法接合前、后片。注意，上下口用针为横向，方便折回折边，将上、下口折边折净后完成造型。全方位检查效果，如图 5-46 ~ 图 5-48 所示。

图 5-46 完成图（正面）

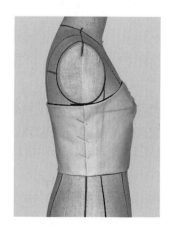

图 5-47 完成图（侧面）

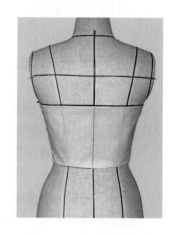

图 5-48 完成图（背面）

9. 裁片修正

取下衣片，进行平面修正，得到裁片如图 5-49 所示。确认后拷贝纸样备用。

（三）课堂练习

图 5-50 所示款式也是将前身余量以细褶收进，参照以上方法完成造型。

图 5-49　裁片

图 5-50　款式图

二、领口荡褶衣片

（一）款式说明

肩部有折褶，领口呈现多个自然垂荡的环形褶纹，如图 5-51 所示。

（二）操作步骤与要求

1. 粗裁

如图 5-52 所示，粗裁准备好的面料。

2. 固定肩部

领口扣烫好后，把面料固定在人台上，面料的对角线对准人台的前中线，并把领口对称地固定在人台肩部，领口处

图 5-51　款式图

保留适当松量，使领口处自然下垂并形成第一道环形褶纹，如图 5-53 所示。

3. 肩部叠褶

在肩部叠褶，形成领口处的第二道环形褶纹。注意，两侧叠褶量要均匀，如图 5-54 所示。与前面操作相同，处理领口处的第三道环形褶纹。可以通过改变肩部叠褶量的大小来调整领口褶纹的造型，如图 5-55 所示。

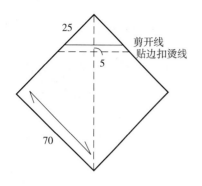

图 5-52　粗裁示意图

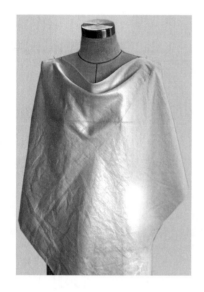

图 5-53　固定肩部

4. 折下摆

由于胸围线上有褶纹的存在，因此可不考虑胸围松量，侧缝处顺势理平面料并略做收腰后固定，底摆处保留 2cm 松量后固定侧缝下点，对称操作左、右造型后扣折衣身底摆，如图 5-56 所示。

5. 修剪

修剪侧缝及袖窿余料，完成所需款式的前片造型，如图 5-57 所示。后片造型与斜裁无省衣片相似。

6. 改变底摆形状

可以通过修改底摆形状来改变服装形态，如图 5-58 所示。

7. 垂领变款

可以通过修改肩部叠褶的数量及大小来改变垂领的造型，如图 5-59、图 5-60 所示。

8. 调整形态

也可以对垂领的形态做细节调整，如图 5-61、图 5-62 所示。

9. 裁片修正

取下衣片，进行平面修正，得到裁片如图 5-63 所示，为第一款垂领造型的平面板型，确认后拷贝纸样备用。

（三）课堂练习

图 5-64 所示领型为垂领的变化款式，可参考以上方法完成造型。

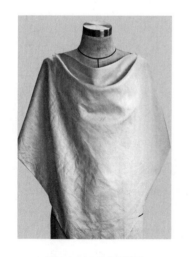

图 5-54　肩部叠褶

图 5-55　肩部叠褶

图 5-56　扣折底摆

图 5-57　修剪

图 5-58　改变底摆形状

图 5-59　改变叠褶数量

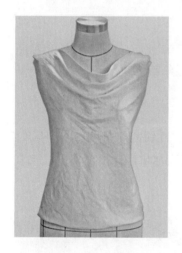

图 5-60　肩部无叠褶

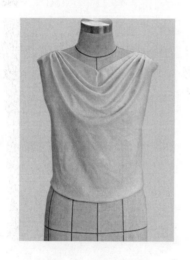

图 5-61　领口无松量

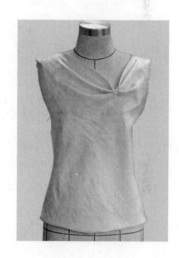

图 5-62　领口变形

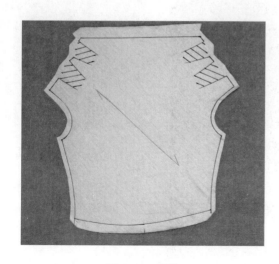

图 5-63　裁片

图 5-64　款式图

图 5-65　款式图

三、波浪门襟衣片

（一）款式说明

如图 5-65 所示，此款为合体衣身，右片小斜门襟，胸部以上均匀叠出五个指向肩、袖部的平行波浪。

（二）操作步骤与要求

1. 固定

取本款面料，保持前中线纱向垂直，胸围纱向水平，胸围松量保留 2cm，固定前中线及侧缝上点，保持胸宽线纱向垂直，固定侧缝线，袖窿处保留 1cm 松量，将胸围线以上余量赶至肩部，固定肩点，如图 5-66 所示。

2. 修剪、别腰省

修剪侧缝及袖窿，腰节线上保留 2cm 松量，在公主线处先掐别腰省，腰位打剪口后再别合腰省，省中线倒向前中，省尖点距胸高点 2cm，省口视衣长而定，此款长度不及臀围线，为钉子形落地省，如图 5-67 所示。

3. 做波浪

将胸上部余量推至前中，门襟处在胸围线下形成第一、第二个波浪，如图 5-68 所示。在领口处打剪口，从肩线处加量，平行做出门襟上部的三个波浪，尽量保持折别平行且波浪大小一致，如图 5-69 所示。

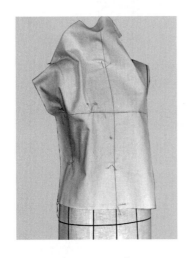

图 5-66　固定

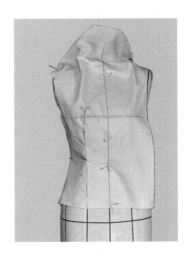

图 5-67　修剪、别腰省

图 5-68　做波浪 I

4. 标记门襟

用针别出领口及门襟造型，如图 5-70 所示。

5. 修剪门襟

修剪门襟余料，如图 5-71 所示。

图 5-69　做波浪Ⅱ

图 5-70　标记门襟

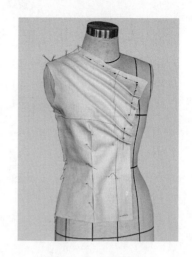
图 5-71　修剪门襟

6. 完成造型

折进门襟、领口及底摆缝份，固定立裆，完成衣片造型，如图 5-72 所示。

7. 裁片修正

做标记，取下衣片，进行平面修正，得到裁片如图 5-73 所示。确认后拷贝纸样备用。

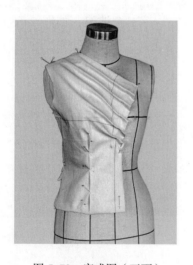
图 5-72　完成图（正面）

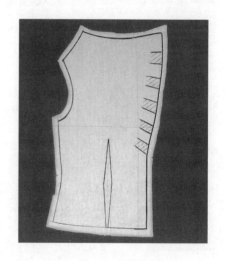
图 5-73　裁片

（三）课堂练习

图 5-74 所示左侧款式将余量处理在腰部，并在两省间沿省边抽褶，褶量与胸省无关；右侧款式前中门襟两侧对称抽褶，上半部分褶量由胸省转移形成，下半部分通过加量形成。参照本节方法完成造型。

图 5-74　款式图

课后练习

参考本单元内容与款式，设计一款衣身造型，并根据所学习的方法，独立完成立体设计。

领的立体裁剪（一）

课程名称：领的立体裁剪（一）

课程内容：1. 无领造型立体裁剪

2. 立领造型立体裁剪

3. 翻领造型立体裁剪

上课时数：4课时

教学提示：人们在观察对方时，往往首先注意人的脸，而衣服的领子最靠近人的脸部，对脸部起衬托作用，是人们欣赏服装的着眼点，因此领在服装变化中是一个很关键的设计点，领的好坏直接影响着服装的档次。设计领子时首先确定其领口形状，再设计领型。本单元的内容正是从领口设计入手，使学生形成一个由浅入深的知识体系。

教学要求：1. 使学生掌握领口设计的操作要点。

2. 使学生掌握合体立领的操作方法及要点。

3. 使学生了解其他几种立领的操作方法。

4. 使学生掌握翻领的操作方法。

5. 通过几种领型的平面裁片对比，使学生加深对领子平面结构的理解。

第六单元　领的立体裁剪（一）

【准备】

一、知识准备

领子作为服装的点睛之处，款式变化多样，按照造型可分为以下六大类（见表6-1）。

表6-1　领型分类表

领型分类	无领	立领	翻领	平领	驳领	花式领
实例	钻石领	合体型立领	燕领	海军领	平驳领	荷叶领

二、材料准备

本单元需用幅宽160cm的白坯布约50cm，打板纸一张，标记带少量。

如图6-1所示准备各片面料，将撕取好的面料烫平、整方，分别画出经纬纱线。

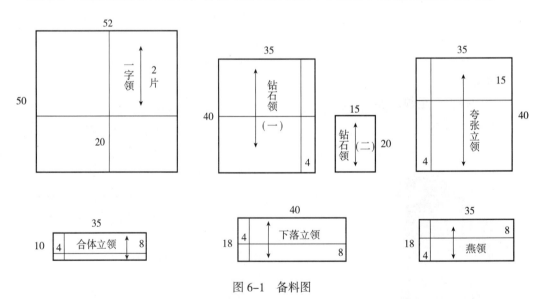

图6-1　备料图

三、工具准备

所需工具

熨斗、软尺、方格尺、曲线尺、剪刀、大头针及针插、铅笔、彩色铅笔、描线器等。

第一节　无领造型立体裁剪

一、一字领

（一）款式说明

前后领口呈"一"字形，如图6-2所示。

（二）操作步骤与要求

1. 贴标记带

用标记带贴好前、后领口造型线，横开领止点在肩点向内3cm处，平缓过渡至原领深点，注意左右应对称，如图6-3所示。

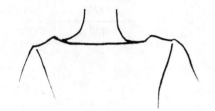

图6-2　款式图

图6-3　贴标记带

2. 固定前片

取本款前片面料，经纬纱向线分别与前中线和胸围线对齐，固定前中线上、下点，左、右胸高点，如图6-4所示。

3. 固定领口

沿前中线剪开至领口上1cm处，在领口线及肩部铺平面料，固定肩部的横开领止点及肩点，如图6-5所示。

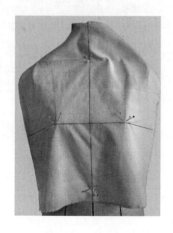

图6-4　固定前片

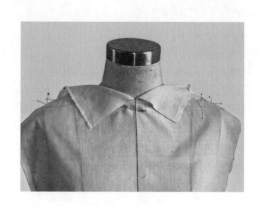

图6-5　固定领口

4. 省量转移

保留缝份 2cm，剪去领口多余面料，衣片袖窿处保持面料平服并留出 1cm 松量，固定侧缝上点，在侧缝处铺平面料，固定下点，把省量控制在腰部，如图 6-6 所示。

5. 修剪

剪去袖窿及侧缝多余面料，腰节处打剪口，保留腰部两侧各 1.5cm 松量，制作腰省造型，注意左、右两侧应对称。如图 6-7 所示，修剪腰线后完成基础一字形领的前片造型。

6. 制作后片

取本款后片面料完成后片，制作方法同前片，在肩线及侧缝线处连接前、后片，如图 6-8 所示。

图 6-6　省量转移　　　　　　图 6-7　修剪　　　　　　图 6-8　制作后片

7. 完成衣身

完成整体造型，从正面及背面观察，确认后做标记线，如图 6-9、图 6-10 所示。

8. 裁片

取下衣片，进行平面修正，得到裁片如图 6-11 所示。确认后拷贝纸样备用。

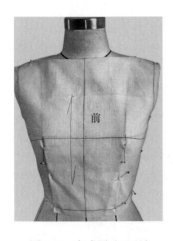
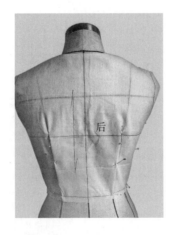
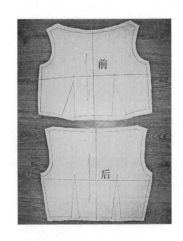

图 6-9　完成图（正面）　　　图 6-10　完成图（背面）　　　图 6-11　裁片

（三）课堂练习

图 6-12 所示款式为露肩一字领，可以参考以上方法完成造型。

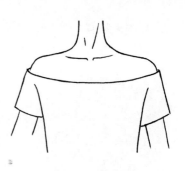

图 6-12　款式图

二、钻石领

（一）款式说明

在领口部位由分割的曲线组合成钻石状领口，如图 6-13 所示。

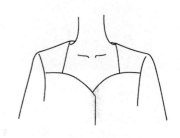

图 6-13　款式图

（二）操作步骤与要求

1. 贴标记带

按照款式图，在人台上用标记带贴好分割线位置及领口形状，如图 6-14 所示。

2. 固定

取本款面料（一），腰节线以下留 5cm 余量，对合前中线固定上、下点及胸高点，如图 6-15 所示。

3. 转移省道

在袖窿、腰部保留足够松量后（按基础松量保留），把大部分省量控制在腋下，固定侧缝线，如图 6-16 所示。

图 6-14　贴标记带

图 6-15　固定

图 6-16　转移省道

4. 修剪

修剪袖窿处多余面料，在腋下以省道形式固定松量，省尖点距胸高点 1.5cm，修剪侧缝线，如图 6-17 所示。

5. 固定肩部面料

把本款面料（二）置于人台肩部，保持面料经纱纱向垂直于地面，在肩线处固定，如图 6-18 所示。

6. 对合接缝

修剪后在分割线处将两块面料用折别法接合（上压下），如图 6-19 所示。

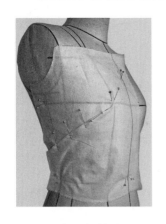

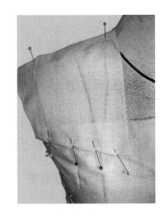

图 6-17 修剪　　　　　　图 6-18 固定肩部面料　　　　图 6-19 对合接缝

7. 修剪领口

保留缝份 2cm，修剪袖窿及领口处多余面料，初步确认合适后做好标记线，如图 6-20 所示。

8. 裁片

取下衣片，进行平面修正，得到裁片如图 6-21 所示。确认后拷贝纸样备用。

9. 整体确认

得到裁片后对称制作人台左侧衣片，得到完整的领口形状，如图 6-22 所示。

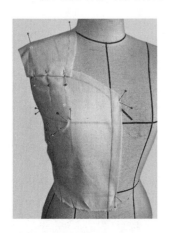
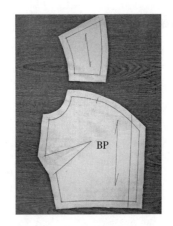
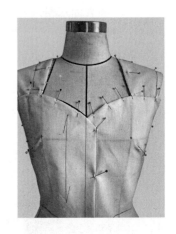

图 6-20 修剪领口　　　　　图 6-21 裁片　　　　　图 6-22 完成图（正面）

（三）课堂练习

图 6-23 所示领型同样为领口造型变化，可参考以上方法完成造型。

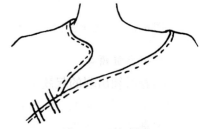

图 6-23 款式图

第二节 立领造型立体裁剪

一、合体型立领

（一）款式说明

领口弧线处于颈根位置，领面与颈部之间空隙较小，呈贴合状态，如图 6-24 所示。

（二）操作步骤与要求

1. 固定领后中线

图 6-24 款式图

将本款面料置于颈部，把两条纱向画线的交点与颈后点（BNP）对齐，在 BNP 点左下 1cm 处反向固定（也可双针固定），保持领后中线经纱纱向不变，水平辅助线与颈围线对齐，铺平领片，将后领口弧线平均分为三段，在靠近 BNP 的 $\frac{1}{3}$ 处以横针搭别固定，即用横针穿透两层布，挑起较少布丝后再回到正面，如图 6-25 所示。

2. 固定领后侧

从第一个横针开始在领布底边打剪口，剪口深度不能超过水平辅助线。保持布面与颈部贴合，在不出现皱褶的基础上于后领口线 $\frac{2}{3}$ 处继续以横针固定。注意，针要固定在衣片领围线上，针的方向尽量与领围线方向保持一致，如图 6-26 所示。

3. 固定领侧

继续在领布底边打剪口，将布面底边剪口处拔开，使得领片在颈侧处合体且不出现拉伸现象。横针固定颈肩点，完成后领口的固定。可以看出颈根围线已经向上偏离水平辅助线，使得装领线出现小部分起翘量，如图 6-27 所示。

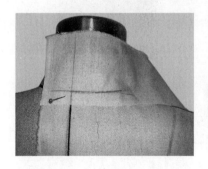
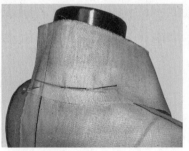
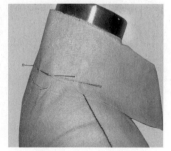

图 6-25 固定领后中线　　　　　图 6-26 固定领后侧　　　　　图 6-27 固定领侧

4. 别合前领口

顺着后领出现的起翘量走势把前领口别好，如图 6-28 所示。此时同样需要在布面底边打剪口（不宜太深），横针的方向尽量与领围线一致，针与针之间不能有牵拉或松量，使领部与衣身在弧线处平整结合。

5. 俯视观察

固定颈前点（FNP）后，从人台的正上方观察立领在颈部的松量是否均匀，如图 6-29 所示。如果出现局部贴合、布面皱褶的现象需对固定点进行调整。

 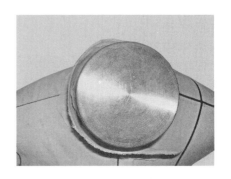

图 6-28　别合前领口　　　　　　　　　　图 6-29　俯视观察

6. 完成造型

在领片上画好需要的领型，留出缝份修剪多余面料，折净缝份后全方位观察整体造型，如图 6-30 ~ 图 6-32 所示。

7. 裁片

外观确认完毕后画好标记线及对位点，取下领片，修正、圆顺曲线，得到裁片如图 6-33 所示，拷贝纸样备用。

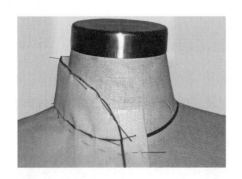 

图 6-30　完成图（正面）　　　　　　　图 6-31　完成图（侧面）

 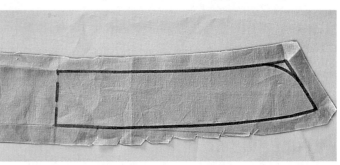

图 6-32　完成图（背面）　　　　　　　图 6-33　裁片

（三）课堂练习

图 6-34 所示领型与合体立领造型相似，可参考以上方法完成造型。

二、前中下落型立领

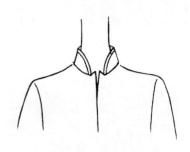

（一）款式说明

前领深加深，立领在前中线处与人台贴合，如图 6-35 所示。

图 6-34　款式图

（二）操作步骤与要求

1. 贴标记带

确定领口弧线，BNP 保持不变，颈肩点（SNP）向肩点侧移动 0.5cm，FNP 按照设计款式向下移动，本节示范的领型向下移动 6cm，三个点确定后重新画圆顺领口弧线并量取弧线长度，如图 6-36 所示。

图 6-35　款式图

2. 固定领后中线

与合体立领制作过程相同，取本款面料，首先把纱向交点和 BNP 点重合固定，然后在后领口线 $\frac{1}{3}$ 处把水平线与领口线重合，以横针固定，保持后中线垂直，如图 6-37 所示。

3. 固定领后侧

在后领口 $\frac{2}{3}$ 处，也就是后斜方肌处打剪口。注意，剪口距离水平线不可太近。打好剪口后在这个部位适当拔开，以横针固定，如图 6-38 所示。

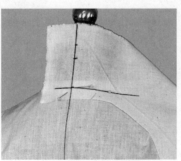

图 6-36　贴标记带　　　　图 6-37　固定领后中线　　　　图 6-38　固定领后侧

4. 固定颈肩点

同理，在颈侧部位打斜向 45° 剪口，对转折部位拔开一定量，然后横针固定。注意，后领口处的空隙量要均匀，如图 6-39 所示。

5. 别合前领口

在必要的部位打剪口，使领子与衣身平整结合，在前中平服贴体，如图 6-40 所示。

6. 修剪

根据设计需要修剪合适的领型，做出精确的领子造型，如图 6-41 所示。

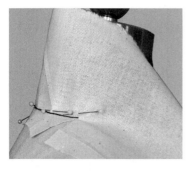  

图 6-39　固定颈肩点　　　　　　图 6-40　别合前领口　　　　　　图 6-41　修剪

7. 裁片

确认造型满意后，画对位点，做好标记线，取下领片，进行平面修正，得到裁片如图 6-42 所示，拷贝纸样备用。

（三）课堂练习

图 6-43 所示款式也是前中下落型立领造型，可以参考以上方法完成造型。

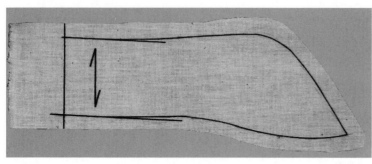 

图 6-42　裁片　　　　　　　　　　　　　　图 6-43　款式图

三、夸张型立领

（一）款式说明

此款立领呈向上张开的夸张造型，领面宽度相对较大，如图 6-44 所示。

该款立领沿用前中下落型立领的领口弧线，制作夸张的造型，领向外张开，衣领高度可以自由设计，不受头部影响。

图 6-44　款式图

（二）操作步骤与要求

1.固定领后中线

取本款面料，固定 BNP，由水平线向下 2cm 处水平剪开，剪过后中垂线 3cm，做好领后中线的立体造型后横针固定，如图 6-45 所示。

2.固定领后侧

在后斜方肌（后领口 $\frac{2}{3}$ 处）处整好立体造型。沿着刚才剪开的线，离开领围线 2cm 继续剪开，在斜方肌处即后 $\frac{2}{3}$ 处打剪口，铺平固定（固定颈肩点方法相同），如图 6-46 所示。

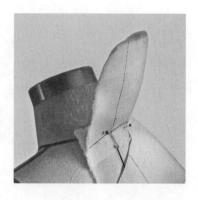

图 6-45　固定领后中线

3.别合前领口

前领口处的固定方法同前，沿着领围线以 3cm 为一单位，按照造型剪开、打剪口、铺平别针的步骤由后至前进行，最终到达前中线，如图 6-47 所示。

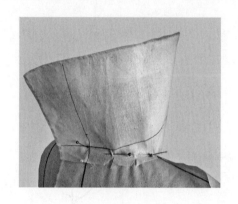

图 6-46　固定领后侧

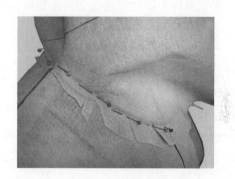

图 6-47　别合前领口

4.修剪

按照所需要领型修剪领上口，精确完成领造型，如图 6-48 所示。

5.裁片

达到理想效果之后，做好装领口标记及颈肩点（SNP）对位点。拆下并修正领样片，圆顺曲线，留出缝份，如图 6-49 所示，确认后拷贝纸样备用。

（三）课堂练习

图 6-50 所示领型也为夸张型立领，可参考以上方法完成造型。

图 6-48　修剪

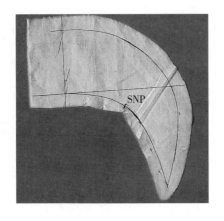

图 6-49　裁片

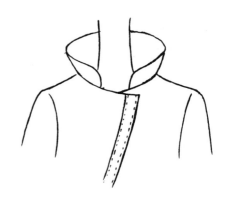

图 6-50　款式图

第三节　翻领造型立体裁剪

一、款式说明

燕领领片下翻，领角造型呈燕翅状，因而得名，如图 6-51 所示。

二、操作步骤与要求

（一）领片立体裁剪

1. 贴标记带

确定领口弧线，BNP 保持不变，颈肩点（SNP）向肩点侧移动 0.5cm，FNP 按照设计款式向下移动，本节示范的领型向下移动 5cm，三个点确定后重新画圆顺领口弧线至搭门处，并量取弧线长度，如图 6-52 所示。

2. 别合后领口

取本款面料，布面上辅助线交点与 BNP 对齐固定。后领口的固定方法与立领相同，不同的只是要在领上口处刻意留出松量，使得颈侧部位的领围线在布面水平线之下，与立领正好相反，可以通过两线在此处的偏开量来调整上口松量。偏开量越大，上口松量也越大，注意打剪口时剪口深度会越来越浅，如图 6-53 所示。

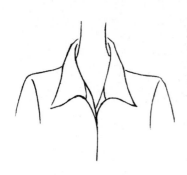

图 6-51　款式图

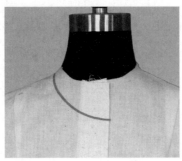

图 6-52　贴标记带

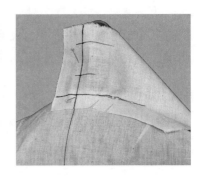

图 6-53　别合后领口

3. 固定颈肩处

在颈肩转折处略微拨开使领面平服，如图 6-54 所示。

4. 别合前领口

保持颈侧部位布面平服，将领布沿前领口线铺平固定，如图 6-55 所示。

5. 翻折修剪

将领子翻到正面，在领布上标记出需要的燕领形状，留出 1cm 缝份修剪领型后折净，如图 6-56、图 6-57 所示，燕领造型完成。

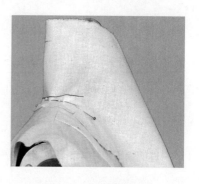

图 6-54　固定颈肩处

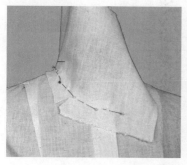

图 6-55　别合前领口

图 6-56　翻折修剪

图 6-57　完成领型

（二）裁片修正

检查翻领线是否圆顺，领面是否平整。达到效果之后做标记线，拆下领片在平面上画圆顺曲线，得到燕领平面裁片，如图 6-58 所示。确认后拷贝纸样备用。

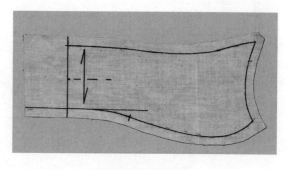

图 6-58　裁片

三、课堂练习

图 6-59 所示两款领型也为翻领，与燕领造型相似，可参考以上方法完成造型。

课后练习

参考本单元内容与款式，设计一款衣领造型，并根据所学习的方法，独立完成立体设计。

图 6-59　款式图

领的立体裁剪（二）

课程名称： 领的立体裁剪（二）

课程内容： 1. 平领造型立体裁剪

2. 驳领造型立体裁剪

3. 花式领造型立体裁剪

上课时数： 4课时

教学提示： 在第七单元中介绍了领口、立领及翻领的制作，本单元中会加入对平领、驳领及花式领的制作，使学生对领型的理解形成比较完整的理论。平领常用于童装或夏装中，款式变化多样，海军领是其中比较典型的款式。驳领多用于正装西服中，但已经有比较成熟的平面结构理论，因此立体裁剪中的驳领常用于板型确认或展示，实际运用的话还需回归平面后精确数值。花式领中共选择了两款，即荷叶领及双层领。荷叶领是可爱女装的选用元素之一，可以借助平面结构直接成型。双层领重点在于两层领片间层次感、比例感的把控。

教学要求： 1. 使学生掌握平领的操作方法并与立领、翻领的方法进行对比。

2. 使学生了解驳领的操作方法，加深学生对平面结构的理解。

3. 使学生掌握几种花式领的操作方法。

第七单元　领的立体裁剪（二）

【准备】

一、材料准备

本单元需用幅宽 160cm 的白坯布约 50cm，打板纸一张，标记带少量。

如图 7-1 所示准备各片面料，将撕取好的面料烫平、整方，分别画出经纬纱线。

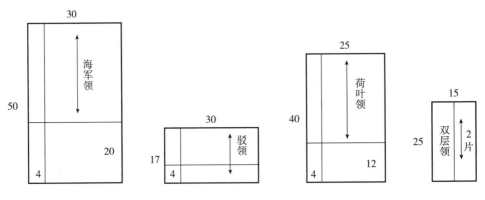

图 7-1　备料图

二、工具准备

所需工具

熨斗、软尺、方格尺、曲线尺、剪刀、大头针及针插、铅笔、彩色铅笔、描线器等。

第一节　平领造型立体裁剪

一、款式说明

如图 7-2 所示，几乎没有领座的海军领，平坦的领片覆盖肩部，后领呈方角状，前领由肩部至前中宽度逐渐减小。

图 7-2　款式图

二、操作步骤与要求

（一）领片立体裁剪

1. 固定领后中线
取本款面料，布片上纱向画线的交点与 BNP 对齐固定，如图 7-3 所示。

2. 别合后领口
如图 7-4 所示，布片上经向线与后中线重合，保持后中直丝，在背部铺平面料固定，沿后领口保留 1cm 缝份后修剪装领线，打剪口使后领口处平服，在后领口上用横针固定领片与衣片。

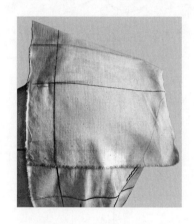

图 7-3 固定领后中线

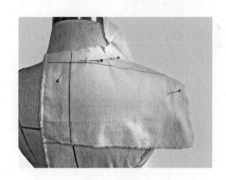

图 7-4 别合后领口

3. 别合前领口
如图 7-5 所示，由后向前推平领布，在颈侧处打剪口使前领口处服帖，固定肩部及前领深点。

4. 修剪
用虚线画出领片造型后修剪，确定领外口轮廓造型，剪去多余面料，如图 7-6 所示。

5. 完成造型
折净装领线及领外口边缘后观察整体造型，如图 7-7 所示。

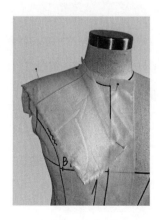

图 7-5 别合前领口

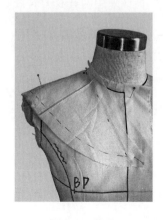

图 7-6 修剪

图 7-7 完成图（正面）

（二）裁片修正

取下领片，进行平面修正，得到裁片如图 7-8 所示，确认后拷贝纸样备用。

三、课堂练习

图 7-9 所示领型也属于平领造型，门襟部位与领连成一体，出现波浪效果，可参考以上方法完成造型。

图 7-8　裁片

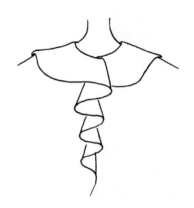

图 7-9　款式图

第二节　驳领造型立体裁剪

一、款式说明

如图 7-10 所示，此款为生活中比较常见的平驳领造型，翻折线在颈部保持合体，领深在胸围线下 5cm。

二、操作步骤与要求

衣身采用四开身刀背线式。

（一）领片立体裁剪

1. 固定门襟

在衣身前中线上确定驳折点，即领深，并从驳折点向下固定门襟线，如图 7-11 所示。

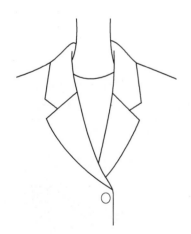

图 7-10　款式图

2. 翻折驳领

根据前领弧线的中点以及驳折点确定驳折线，并在翻出的领布上画出所需驳领的形状，如图 7-12 所示。

3. 画线及修剪

把驳领部分翻向前中，在布面上画好驳折线和串口线，修剪多余面料，如图 7-13 所示。

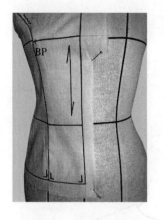

图 7-11 固定门襟

图 7-12 翻折驳领

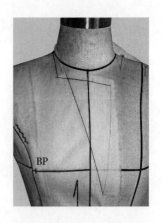

图 7-13 画线及修剪

4.固定领片

把领布上辅助线交点与 BNP 对齐固定，后领口处领子的制作方法与其他翻领相同，如图 7-14 所示。

5.别合领片

根据串口线别合领片，保持颈肩点处布面平服，如图 7-15 所示。

6.修剪

如图 7-16 所示，根据所需领座高度翻折领子，画出领外口轮廓造型，剪去多余面料。

7.完成造型

折净缝份后观察整体造型，如图 7-17 所示。

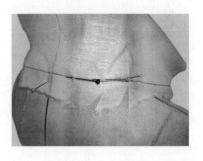

图 7-14 固定领片

图 7-15 别合领片

图 7-16 修剪

图 7-17 完成图（正面）

（二）裁片修正

外观确认后，做好标记线，取下领片，进行平面修正，得到裁片如图 7-18 所示，确认后拷贝纸样备用。

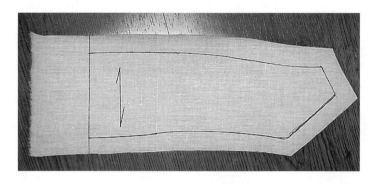

图 7-18　裁片

三、课堂练习

图 7-19 所示领型与驳领造型相似，可参考以上方法完成造型。

图 7-19　款式图

第三节　花式领造型立体裁剪

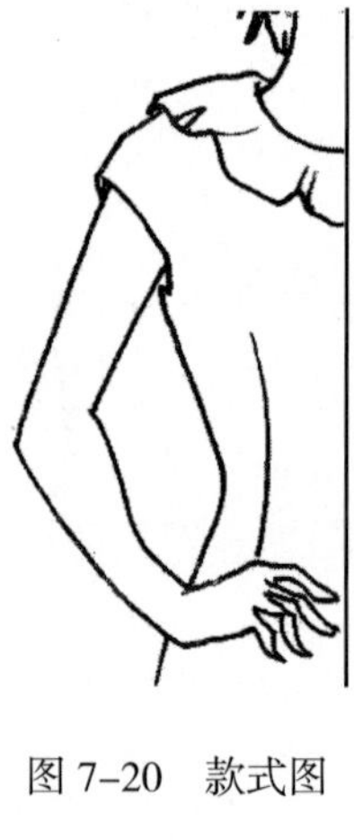

一、荷叶领

（一）款式说明

圆领口荷叶领，没有领座，领外口呈小波浪造型，如图 7-20 所示。

（二）操作步骤及要求

1. 准备衣片

提前准备完整的衣片穿在人台上，贴标记带确定领口弧线，并量取弧线长度，如图 7-21 所示。

2. 别合后领口

取本款面料，如图 7-22 所示，将辅助线交点对齐后中上点，别合后领口，沿领窝线留 1cm 缝份水平修剪领片。

图 7-20　款式图

3. 修剪后领处装领线

在适当的位置打剪口，旋转出荷叶领需要的波浪量，继续修剪领片至侧颈处，注意保留缝份，如图 7-23 所示。

图 7-21 贴标记带

图 7-22 别合后领口

图 7-23 修剪后领处装领线

4. 别合前领口

如图 7-24 所示，与后段领子相类似的方法制作前领口处，边修剪边整理出外围的起伏量，使领子出现自然的波浪，用标记带贴出领止口形状。

5. 修剪领外围止口

如图 7-25 所示，按照标记位置修剪止口形状。

6. 完成造型

将装领线与领口线折净别合，完成造型，如图 7-26 和图 7-27 所示。

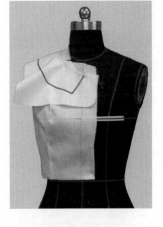

图 7-24 别合前领口

图 7-25 修剪领外围止口

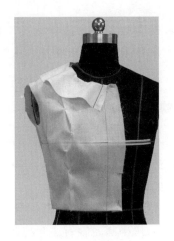

图 7-26 完成图（正）

图 7-27 完成图（背）

7.裁片修正

取下领片，进行平面修正，得到荷叶领的裁片如图 7-28 所示，确认后拷贝纸样备用。

由裁片可以看出，其平面形状近似为半圆环。立体裁剪时可以提前准备环形面料来制作荷叶领，圆环的角度根据领止口处波浪的立体效果确定，可以增加圆环的个数来制作更大波浪的荷叶领，也可以通过在内圆环上增加出褶或者叠裥量来得到更大的外围长度，还可以通过修剪圆环的外围形状来达到不同的造型效果。

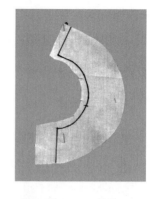

图 7-28　裁片

（三）课堂练习

如图 7-29 ~ 图 7-31 所示，该款为圆环荷叶领，可参考以上方法完成。

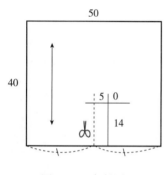

图 7-29　备料图

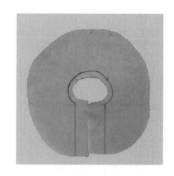

图 7-30　裁片

图 7-31　完成图

二、双层领

（一）款式说明

如图 7-32 所示，该领型领口为驳领领口，戗驳头不翻折，双层领片只与部分后领口相连，未连接至后中，可呈直立状，也可呈翻折状。

（二）操作步骤及要求

1.人台准备

贴标记带，在人台上确定领口弧线和驳角位置，并量取弧线长度，如图 7-33 所示。

图 7-32　款式图

2.制作前衣片

参照第四单元内容完成衣身，收腋下省、腰省。修剪侧缝、袖窿、肩线，再根据标记线修剪门襟止口线，如图 7-34 所示。

3. 制作后衣片

参照原型后片的制作方法，别合肩省、腰省，修剪腰口、领口，如图 7-35 所示。

图 7-33　贴标记线　　　　　　　　图 7-34　制作前衣片　　　　　　　　图 7-35　制作后衣片

4. 固定领片

制作内层领子，取一片本款备料铺在领口线处，领止口线与驳角的位置关系根据效果图确定，领止口线为经纱线，根据领片与颈部的贴合关系确定领片的颈侧位置，固定领片，如图 7-36 所示。

5. 连接与修剪

沿标记的领口线搭别固定领子并修剪，如图 7-37 所示。

6. 搭别颈侧

根据效果图，在颈侧部位打剪口后继续固定领子与领口，并修剪，实现领子由前向后的转折，如图 7-38 所示。

图 7-36　固定领片　　　　　　　　图 7-37　连接与修剪　　　　　　　　图 7-38　搭别颈侧

7. 翻折

将领子翻折后领止口与效果图所示一致，完成内层领子的制作，如图 7-39 所示。

8. 完成造型

制作外层领子，取本款另一片面料，与里层领制作方法一致，领宽缩小 1cm，形成外侧领片，两片领子均与领口连接，可实现直立或翻折的效果，如图 7-40 和图 7-41 所示，与效果图中左右两侧领的不同翻折状态一致，做各部位标记，完成造型。

图 7-39　翻折

图 7-40　完成图（翻折状态）

图 7-41　完成图（部分直立）

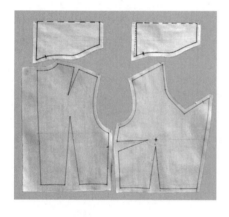
图 7-42　完成图

9. 裁片修正

取下衣片，进行平面修正，得到裁片如图 7-42 所示，拷贝纸样留用。

（三）课堂练习

如图 7-43 所示，该领型也为多层平领，可参考双层领和平领的方法完成。

课后练习

参考本章的操作方法，选择图 7-44 中任一款式，独立完成领子的立体造型设计。

图 7-43　多层平领款式图

图 7-44　领子款式图

袖的立体裁剪（一）

课程名称： 袖的立体裁剪（一）

课程内容： 1．方袖窿立体裁剪

2．两片袖立体裁剪

3．连身类袖型立体裁剪

上课时数： 4课时

教学提示： 袖子是覆盖和装饰肩部及手臂的重要服装构件，它的造型要适合人体上肢活动的需要，又要与整体服装协调。因此袖子的形状不仅要富有功能性，还要具有装饰性。袖子的主要设计点为袖窿、袖山、袖身和袖口的变化。

教学要求： 1．使学生掌握袖窿变化的制作方法。

2．使学生掌握平面与立体相结合的两片袖制作方法。

3．使学生了解插肩袖的制作方法。

第八单元　袖的立体裁剪（一）

【准备】

一、知识准备

按照衣片与袖片的连接关系分为以下几大类（见表8-1）。

表8-1　袖子分类及实例

袖子分类	袖窿设计	圆装袖	连身袖型		花式袖
实例	方袖窿	两片袖	插肩袖（部分连身）	连身袖（完全连身）	宽肩袖

二、材料准备

本单元需用幅宽160cm的白坯布约120cm，打板纸三张，标记带少量。

如图8-1所示准备各片面料，将撕取好的面料烫平、整方，分别画出经纬纱线。

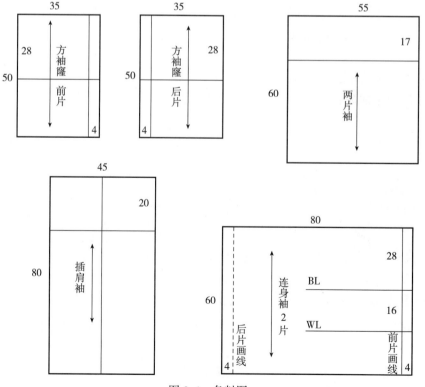

图 8-1　备料图

三、工具准备

所需工具

熨斗、软尺、方格尺、曲线尺、剪刀、大头针及针插、铅笔、彩色铅笔、描线器等。两片袖及插肩袖操作需使用布手臂。

第一节 方袖窿立体裁剪

一、款式说明

袖窿处肩点内移，使肩线变短，肩头外露，袖窿底从圆顺的弧线变为方角形，线条简洁大方，如图 8-2 所示。

二、操作步骤与要求

（一）衣片立体裁剪

1. 贴标记带

在人台上按照款式特点用标记带贴好方形袖窿形状，如图 8-3 所示。

2. 固定

取本款前片面料，经、纬纱向线分别与人台前中线及胸围线对齐，固定前中线上、下点及胸高点，如图 8-4 所示。

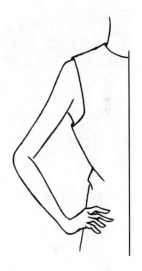

图 8-2 款式图

3. 修剪

修剪前领口弧线并适量打剪口，使布面在领口及肩部平服，固定肩线两端，在袖窿处保留 1cm 松量后固定袖窿底点，如图 8-5 所示。注意，胸围松量应保持 2cm。

图 8-3 贴标记带

图 8-4 固定

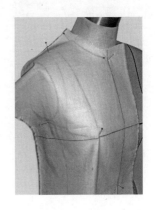

图 8-5 修剪

4. 别合腋下省

从腰部推平面料固定侧缝下点，把余量控制在侧缝线上，以腋下省的形式呈现，修剪侧缝、袖窿及肩线处多余面料，如图 8-6 所示。

5. 制作后片

后片与前片操作方法相同，取本款后片面料，保持纬纱线与肩胛线一致，在保留袖窿、胸围及腰围松量的同时，将省量以腋下省的形式设置在侧缝处，如图 8-7 所示。

6. 对合侧缝

用折别法（前压后）别合侧缝，注意侧缝处前、后腋下省的对合，上、下两端点用横针，如图 8-8 所示。

图 8-6　别合腋下省

图 8-7　制作后片

图 8-8　对合侧缝

7. 完成造型

修剪腰节线，折净缝份后，进行整体造型确认，如图 8-9 ~ 图 8-11 所示。

图 8-9　完成图（正面）

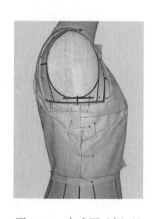

图 8-10　完成图（侧面）

图 8-11　完成图（背面）

（二）裁片修正

确认款式合适后做标记线，取下衣片，进行平面修正，得到方袖窿的裁片，如图 8-12 所示。确认后，拷贝纸样备用。

三、课堂练习

图 8-13 所示为袖窿变化款式，参考以上方法完成立体设计。

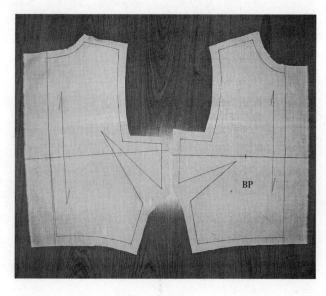

图 8-12 裁片

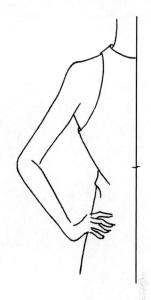

图 8-13 款式图

第二节 两片袖立体裁剪

一、款式说明

两片式结构，袖身合体，前后做分割，造型自然贴体，具有明显的方向性，与手臂自然下垂形态吻合，如图 8-14 所示。

二、操作步骤与要求

（一）袖片立体裁剪

1. 粗裁

如图 8-15 所示，取本款面料进行粗裁。

2. 别合袖身

按照粗裁好的大、小袖片别合前、后袖缝及袖口，如图 8-16所示。

3. 对位

将用针别好的两片袖袖筒套在装好的手臂上，标记前、后袖山处开始缩缝的位置，并做好与衣身的对位点，如图 8-17、图 8-18 所示。

4. 固定袖窿底

固定方法可参考一片袖原型，如图 8-19 所示。

5. 分配吃势

分配前、后袖山的吃势，并固定袖山顶点。前袖山吃势应略小于后袖山吃势，如图 8-20所示。

图 8-14 款式图

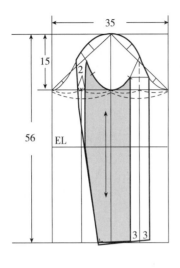
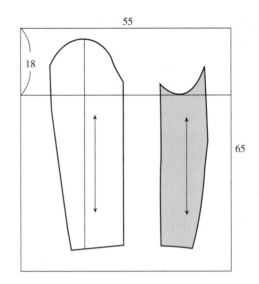

图 8-15　粗裁示意图

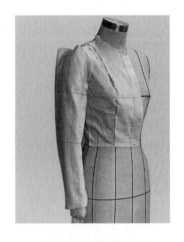

图 8-16　别合袖身　　　　　　　　　　　　图 8-17　前袖窿对位

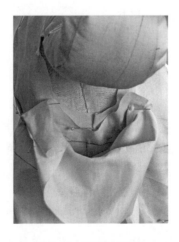

图 8-18　后袖窿对位　　　　　图 8-19　固定袖窿底　　　　　图 8-20　分配吃势

6. 别合袖山

用挑别法固定袖山，均匀缩缝袖山吃势。注意，袖山与袖窿连接要圆顺，最好是有精确的袖窿形状后再进行操作，严格按照袖窿形状进行别合，袖山形状可根据情况略作调整，如图 8-21 所示。

7. 观察

从侧面及正面观察袖身，检查袖斜度与袖山部位吃势与松量的控制是否合适，如图 8-22、图 8-23 所示。

（二）裁片修正

确认袖斜度及袖山吃势合适后，做袖山弧线标记，取下袖片进行曲线修正，得到两片袖的裁片，如图 8-24 所示。确认后，拷贝纸样备用。

图 8-21　别合袖山

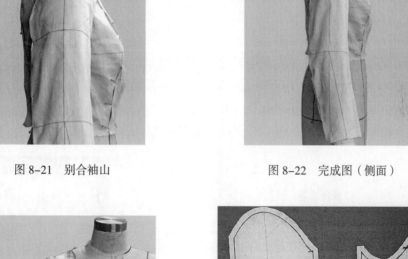

图 8-22　完成图（侧面）

图 8-23　完成图（正面）

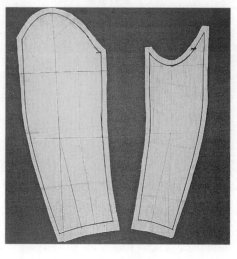

图 8-24　裁片

第三节　连身类袖型立体裁剪

一、插肩袖

（一）款式说明

　　一片式插肩袖，袖子与衣身肩部连为一体，从领口到腋下部位与衣身设弧线分割；衣身只在腰部收省，如图 8-25 所示。

（二）操作步骤与要求

1. 衣片准备

　　衣身的制作参考原型制作方法，将全部省量转移至腰部，完成后在其肩部画出插肩袖的造型线并标注前、后片拐点作为参考点，拐点为肩部造型线与袖窿相接的点，剪去肩部多余面料，如图 8-26 所示。

2. 修剪

　　取本款面料，将袖原型纸样的袖中线放在布面经纱线上，并使袖山顶点落在水平辅助线上；在面料上拷贝袖片侧缝及袖口净线；分别测量衣身上从拐点到侧缝的袖窿弧线长度，并等量确定袖山线上的对位点；修剪腋下到拐点的袖山线弧线，如图 8-27 所示。

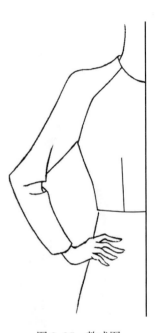

图 8-25　款式图

图 8-26　衣片准备

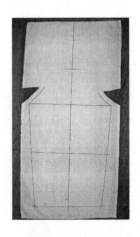

图 8-27　修剪

3. 别合袖身

　　用折别法别合袖下缝（前压后），如图 8-28 所示。

4. 固定袖窿底

　　将袖片与衣身袖窿下部的曲线别合至拐点；并顺势沿肩部造型线平推，使布料在肩部保

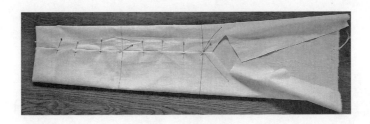

图 8-28　别合袖身

持平服，如图 8-29 所示。

5. 别合袖片

固定插肩袖前、后造型线的位置，标明袖片与衣身的分界线，并沿线折别固定，如图 8-30，后片同前片。从图 8-31 可观察到有较大余量集中在肩部，为一片式插肩袖的肩省量。

图 8-29　固定袖窿底

图 8-30　折别接缝

图 8-31　完成图（侧面）

6. 修剪

由于余量较多，可将肩部多余面料顺着肩线先以省道的形式掐别，留 1.5cm 缝份，剪去多余面料，如图 8-32 所示。

7. 完成造型

将肩省别合后观察整体效果，如图 8-33 所示。

8. 裁片修正

款式确认后做标记线，拆下袖片画顺曲线，得到插肩袖的裁片，如图 8-34 所示。确认后，拷贝纸样备用。

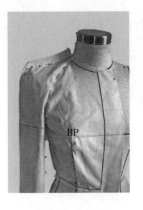

图 8-32　修剪

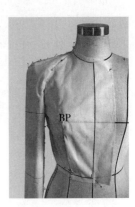

图 8-33　整体造型

二、连身袖

（一）款式说明

衣身与袖子连为一体，无袖窿作为分割，胸围及腰围处有较大松量，袖窿底下降，在腰节线处与衣片呈曲线连接，如图8-35所示。

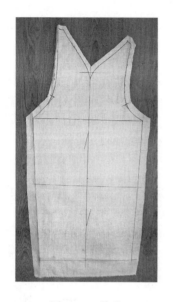

图8-34　裁片

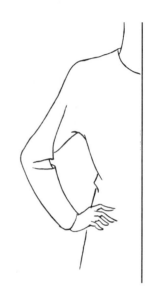

图8-35　款式图

（二）操作步骤与要求

1. 固定

取一片本款面料，经纱线与人台前中线对正，固定前中上、下点及胸高点。修剪领口并打剪口使颈部布料平服，胸上部保持平服，固定颈肩点及肩点。保持胸围线及腰围线水平，根据款式中连身袖的角度沿肩线抬高面料，如图8-36所示。

2. 修剪

顺着肩线在面料上别出袖中线并修剪多余面料，量取合适的袖口宽度后用针别出袖下缝及衣身侧缝线。袖下缝基本呈水平状过渡到侧身处，腋下处用弧线圆顺连接，在胸围及腰围处留出较大松量，如图8-37所示，连接处已处于胸围线下方，因

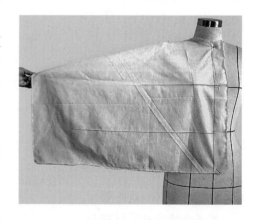

图8-36　固定

此可不考虑胸围松量，但腰线处要留出至少5cm松量，别出此线后即可修剪袖下缝及侧缝，留出3cm余量以备调整。

3. 前、后固定

如图 8-38 所示，修剪多余面料后，取另一片本款面料，重复上述步骤完成后片。用掐别法固定袖中缝、袖底缝及衣片侧缝，此时要注意松量的保留。

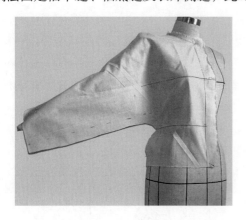

图 8-37 修剪

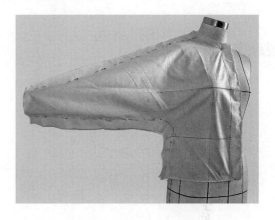

图 8-38 前、后固定

4. 完成造型

在腋下打剪口后，用压别法连接前、后片，确认整体造型，如图 8-39 所示。

5. 裁片修正

确认松量合适后画好对位点，在平面上进行修正，得到连身袖的裁片，如图 8-40 所示。确认后，拷贝纸样备用。

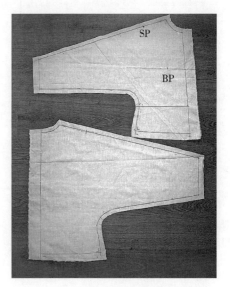

图 8-40 裁片

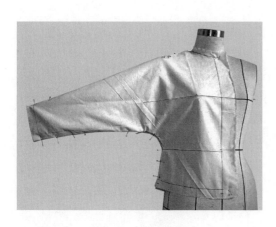

图 8-39 整体造型

连身袖有一个众所周知的缺陷——袖窿底部褶皱较多，因此多用于宽松式服装。褶皱量可以通过连身的袖片与衣身侧缝的夹角来控制，夹角越小，褶皱量也就越少，同时，胳膊的活动量也就越小。另外，连身袖相较于插肩袖来说，肩胛以及肩缝没有曲线辅助塑造立体形态，过于平面化，所以，制作连身袖通常采用本身塑形性就好的面料，如弹性面料、粗纺面料，或者其他质地较疏松柔软的面料。

三、课堂练习

如图 8-41 所示为连身袖变化的款式，参考以上方法完成立体设计。

课后练习

参考图 8-42 所示款式，设计一款袖型，并根据本单元所学习的方法，独立完成立体设计。

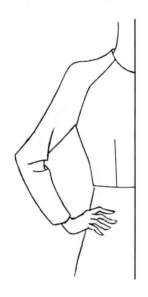

图 8-41　款式图　　　　　　　　　图 8-42　款式图

袖的立体裁剪（二）

课程名称： 袖的立体裁剪（二）

课程内容： 1. 泡泡袖立体裁剪

2. 花瓣袖立体裁剪

3. 宽肩袖立体裁剪

上课时数： 4课时

教学提示： 袖子在平面结构中已经有比较成熟的操作理论，但在立体裁剪中，袖子与衣身在腋下的关系较难把握，需要平面状态下提前确定局部的大致形状，这就要求学生在进行立体裁剪袖子之前，必须有一定的平面袖型的基础。尤其在做一些款式较复杂的袖子时，通过平面、立体相结合的方法，使立体操作更加简便且精确。

教学要求： 1. 使学生掌握泡泡袖及喇叭袖的制作方法。

2. 使学生了解花瓣袖及宽肩袖的制作方法。

3. 通过对比几类花式袖的平面裁片，从中总结袖山变化的规律。

第九单元 袖的立体裁剪（二）

【准备】

一、材料准备

本单元需用幅宽 160cm 的白坯布约 80cm，打板纸三张，标记带少量。

如图 9-1 所示准备各片面料，将撕取好的面料烫平、整方，分别画出经纬纱线。

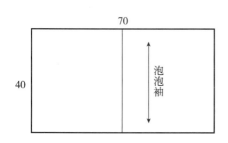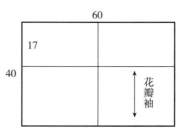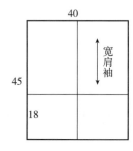

图 9-1 备料图

二、工具准备

熨斗、软尺、方格尺、曲线尺、剪刀、大头针及针插、铅笔、彩色铅笔、描线器等，另外需要准备右侧手臂。

第一节 泡泡袖立体裁剪

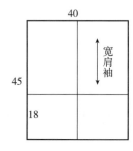

一、款式说明

一片式短袖，在袖山头部位抽褶，形成袖子上端自然膨胀的造型，如图 9-2 所示。

二、操作步骤与要求

（一）袖片的立体裁剪

1. 平面固定

将袖原型纸样置于面料下方，袖中线与经向辅助线重合，袖山顶点位于纬向辅助线上，如图 9-3 所示，将面料与一片袖原型平

图 9-2 款式图

铺，在袖中线处固定。

2. 确定袖山余量

将面料向袖山方向推移、聚拢，在袖山头中区形成一定余量，如图9-4所示。注意袖口处需要打剪口。

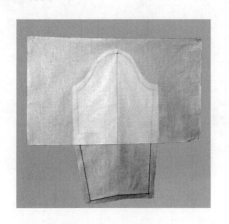

图9-3　平面固定

图9-4　确定袖山余量

3. 粗裁袖片

袖山顶点在原型基础上提高3～5cm，重新圆顺袖山弧线，袖口线取水平，留出缝份，粗裁袖片，如图9-5所示。

4. 别合袖子

袖山头处用手针大针脚缩缝，别合袖下缝，再将袖山与袖窿别合固定，如图9-6所示。固定时，先别合腋下部分，按照标记线位置将袖山与袖窿用挑别法别合，有差量时可通过改变袖山头抽缩量大小来调整，要注意褶量前后分配均匀。

图9-5　粗裁袖片

图9-6　别合袖子

5. 完成造型

进一步圆顺袖窿，折回袖口处贴边，完成泡泡袖造型，如图9-7～图9-9所示。全方位检查，确认效果满意后，作轮廓线及装袖对位点记号。

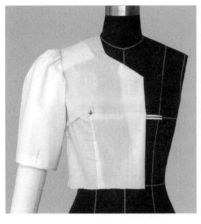

图 9-7　完成图（前）　　　　图 9-8　完成图（侧）　　　　图 9-9　完成图（后）

（二）裁片修正

拆下袖片，修正得到泡泡袖的裁片如图 9-10 所示，确认后拷贝纸样备用。

三、课堂练习

类似泡泡袖的操作方法，增加袖口的松量，可以实现喇叭袖的造型，如图 9-11 所示。根据介绍的操作方法与要求，独立完成泡泡袖或者喇叭袖的立体设计。

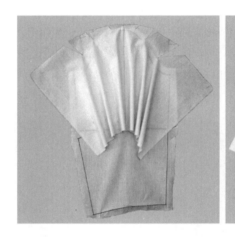

图 9-10　裁片　　　　　　　　　　图 9-11　喇叭袖

第二节　花瓣袖立体裁剪

一、款式说明

如图 9-12 所示款式为袖底无分割的花式袖，袖中缝也不缝合，在袖山部位有规律叠褶，褶量自然垂落覆盖上臂，因造型类似郁金香花而得名。

二、操作步骤与要求

（一）袖片的立体裁剪

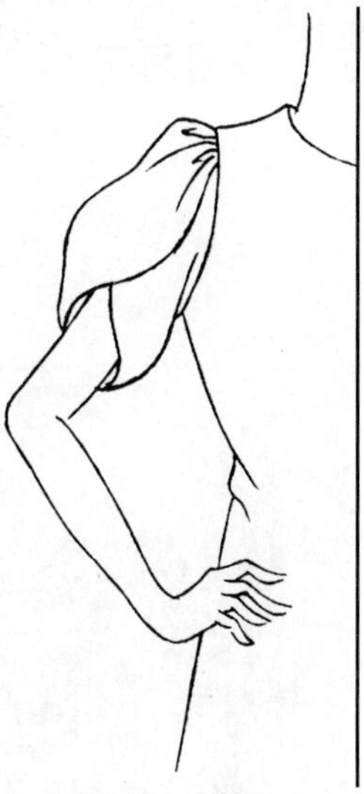

1. 固定袖窿底

取本款面料，从面料的上端沿经向辅助线剪开至距纬向辅助线1cm处，把两线交点与袖窿底侧缝处固定，在剪开处拉开一定角度并固定袖窿底部曲线，如图9-13所示。

2. 别合前袖山

装入布手臂将前袖片翻正，按设计要求固定袖山头褶量；保持袖身前倾，袖口处逐渐收窄，别合前袖山，如图9-14所示。

3. 别合后袖山

如图9-15所示，褶的大小及数量可随个人喜好而定。

图9-12　款式图

图9-13　固定袖窿底

图9-14　别合前袖山

图9-15　别合后袖山

4. 修剪造型

修剪袖山缝份至2cm后，将袖山与袖窿别合固定，注意袖山与袖窿衔接要圆顺；按照设计要求修剪袖中重叠部位及袖口造型线，如图9-16所示。

5. 完成造型

从侧面观察袖型整体效果，如图9-17所示。

（二）裁片修正

做好标记线与对位点，拆下袖子，进行平面修正，得到无袖底缝的一片式花瓣袖的裁片，如图9-18所示。确认后，拷贝纸样备用。

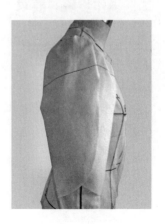

图9-16　修剪造型

三、课堂练习

如图 9-19 所示为一款花瓣式袖型，参考以上方法完成立体设计。

图 9-17　整体造型

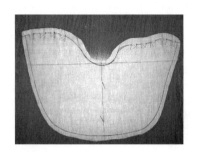

图 9-18　裁片

图 9-19　款式图

第三节　宽肩袖立体裁剪

一、款式说明

图 9-20 所示款式的袖型为袖身贴体，袖山处前、后各有一环形裥，袖山头呈现方形，有增加肩宽的效果。

二、操作步骤与要求

（一）袖片的立体裁剪

1. 贴标记带

肩点回退 2 ~ 3cm 贴出袖窿线位置，确保曲线平滑圆顺，如图 9-21 所示。

2. 抬高袖山

将基础一片袖的袖山抬高，抬高量取决于肩点回退量及需要的宽肩厚度，可先加高 10cm，制作时适当调整，如图 9-22 所示。

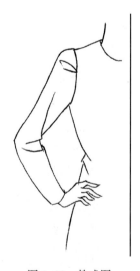

图 9-20　款式图

3. 固定袖底

粗裁袖子，别合袖下缝后与袖窿底固定，确定连接牢固，如图 9-23 所示。

4. 固定袖山

依次固定袖山顶点与肩点、前后袖窿宽点与对应袖山弧，固定时要注意保证袖容量，调

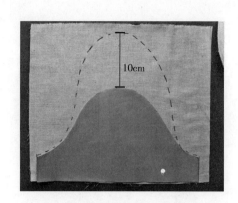

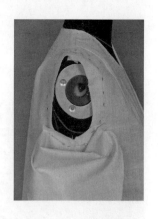

图 9-21　贴标记带　　　　　　　图 9-22　抬高袖山　　　　　　　图 9-23　固定袖底

整方法可参照原型袖。由于抬高了袖山，前、后袖山处都会出现较大余量，余量大小可通过调整袖山顶点的高低来控制。如图 9-24 所示。

5. 完成造型

将袖山前、后余量分别以环形裥的方式固定，通过调整两个对裥的位置、方向、大小以及重叠角度来控制袖子的外观。最后呈现与设计效果相符合的方形宽肩造型，如图 9-25、图 9-26 所示。

图 9-24　固定袖山　　　　　图 9-25　完成图（正面）　　　　图 9-26　完成图（背面）

（二）裁片修正

确认造型满意后，做好标记线，注意在折裥处做好对位记号。从人台上拆下并进行平面修正，得到如图 9-27 所示的宽肩袖裁片。

（三）造型变化

采用上一步骤得到的平面裁片，运用不同的余量处理方法，能够得到不同的袖子造型。

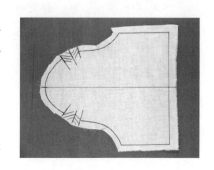

图 9-27　宽肩袖裁片

1. 抽碎褶

如图 9-28 所示，在袖山处采用抽碎褶的方式处理余量，手针串缝后抽褶，调整抽褶的位置及均匀度后固定在袖窿上，得到如图 9-29、图 9-30 所示的袖子造型。

图 9-28　抽碎褶

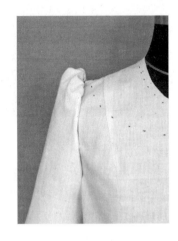

图 9-29　完成图（正面）

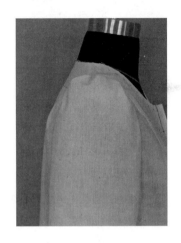

图 9-30　完成图（侧面）

图 9-31　横向叠裥

图 9-32　袖中线抽缩

2. 横向叠裥

在袖山处以横向叠裥的方式处理余量，得到如图 9-31 所示的造型。在袖中线处手针串缝抽缩后，实现如图 9-32 所示的外观效果。在操作的时候，可以结合设计理念灵活运用几种处理手法。

三、课堂练习

参考以上方法，完成一款宽肩袖的立体设计。

课后练习

参考以上造型变化，设计一款袖型，并根据本单元所学习的方法，独立完成立体设计。

上装立体裁剪

课程名称：上装立体裁剪

课程内容： 1. 花式领上装立体裁剪

2. 小立领衬衫立体裁剪

3. 连身立领上装立体裁剪

上课时数： 4课时

教学提示： 本单元开始学习上装的立体造型设计，是之前衣片、领、袖等各部分内容的综合应用，但注意不是简单的叠加，而是需要从整体出发，确定各部位的造型及松量分配，从而形成和谐的统一体。建议引导学生分析款式，确定各部位比例关系及塑型方法，参考基本操作方法从局部着手进行立体设计。

教学要求： 1. 使学生掌握分割线操作的基本方法。

2. 使学生了解衣片各部位放松量的基本要求。

3. 使学生掌握下摆波浪褶的造型方法。

4. 使学生具备一定的塑造局部复杂造型的能力。

5. 使学生掌握连身立领的操作方法。

6. 使学生掌握一片袖、插肩袖、叠裥袖的操作方法。

7. 使学生具备一定的综合分析款式、判断造型方法的能力。

8. 使学生具备一定的独立操作能力。

第十单元　上装立体裁剪

【准备】

一、知识准备

上衣的立体造型设计是衣片、领、袖设计的综合应用，各部分造型谐调组合，构成完美的整体造型。

在服从整体的前提下，局部造型的设计成为亮点。第一款上装突出领型设计，创造性地应用折叠较深的裥，实现花式领造型，花而不俗，繁而不赘。第二款衣身采用多片分割，插肩式短袖，折角设计新颖而且活泼。第三款衣身的双裥设计实现了连身立领造型，袖身的双裥设计丰富了款式，使整体风格干练而不乏味。

本单元有两款上装选用合体袖型，请参考第二单元原型袖的制作方法。

二、材料准备

本单元需用幅宽 160cm 的白坯布约 200cm，打板纸五张，标记带少量。

如图 10-1 所示准备各片面料，将撕取的面料烫平、整方，分别画出经、纬纱向线。

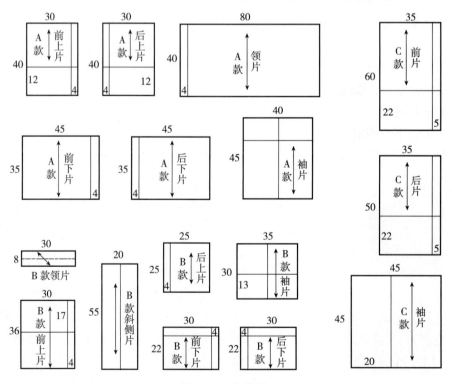

图 10-1　备料图

A 款为第一节款式，B 款为第二节款式，C 款为第三节款式

三、工具准备

所需工具

熨斗、软尺、方格尺、曲线尺、剪刀、大头针及针插、铅笔、彩色铅笔、描线器等。

第一节　花式领上装立体裁剪

一、款式说明

如图 10-2 所示，此款式造型基本合体，长至臀围。前身开阔的圆领口，腋下收胸省，高腰位横向分割，下摆呈小波浪状；领较宽，后领直立，前领左右各叠五个顺向深褶裥，沿袖窿固定至领口下；一片式七分袖。

图 10-2　款式图

二、操作步骤与要求

（一）上片

1. 贴标记带

按照款式要求，在人台上贴出高腰位分割线、腋下胸省、领口线的标记带，如图 10-3 所示。注意各关键点的定位及线条的走向。

2. 固定前上片

取 A 款前上片面料，对齐纱向线，固定前中线；胸围留 2cm 松量，袖窿留 1cm 松量，余量推至腰部，固定肩线及侧缝各点；留 2cm 缝份修剪领口、袖窿、侧缝，如图 10-4 所示。

3. 别合胸省

取下侧缝下点固定针，将腰部余量留出 2cm 松量后推至腋下，原位重新固定侧缝，向上折进余量，理顺省缝，别合胸省，留 2cm 缝份修剪下口及侧缝余料，如图 10-5 所示。

图 10-3　贴标记带

图 10-4　固定并修剪前上衣

图 10-5　别合胸省

4. 固定后上片

取 A 款后上片面料，经向线在肩胛以上比齐后中线，固定后中上点，肩胛以下逐渐偏出，腰围线处偏出 0.7cm，固定下点；留 1.5cm 松量，固定背宽垂线，保持经纱向与背宽线一致（可以提前画线以明确方向），临时固定背宽垂线腰位，背宽与侧缝间平行留出 0.5cm 松量，固定侧缝上、下点；领口留 0.5cm 松量，固定肩线，肩部余量推至袖隆作为放松量保留，如图 10-6 所示。

5. 完成后上片

保留腰部松量 2cm，公主线位收腰省（省缝倒向后中线），修剪腰口、侧缝、袖隆、肩缝及领口处余料，完成后上片，如图 10-7 所示。

（二）下片

1. 固定第一波浪

取 A 款前下片面料，对齐纱向线，下口低于臀围线 3cm，固定前中上、下点；沿分割线标记以上 3cm，粗略剪去 $\frac{1}{4}$ 圆弧，距前中线 5cm 处打斜剪口，打平上口弧度，底摆出现波浪（参考第四单元波浪褶的制作方法），整理使臀围处保留约 5cm 褶量，固定腰部分割线及底摆，如图 10-8 所示。

图 10-6　固定后上片　　　　图 10-7　后上片完成图　　　　图 10-8　固定第一波浪

2. 完成前下片

向侧缝方向继续打平上口弧度，间距约 4cm 打第二、第三剪口，形成第二、第三波浪，注意调整上口弧度，使各褶量保持均匀后固定分割线；为使造型均衡，侧缝臀围处应该留出半个褶量（2.5cm）后进行修剪，如图 10-9 所示。侧缝处底摆自然加长，如果希望底摆平齐，可以先别出衣长位置再修剪。

3. 别合

取 A 款后下片面料，采用与前下片相同的方法完成后下片，前压后折别侧缝与肩缝，上压下别合分割线，如图 10-10 所示。

4. 完成衣身

折净领口与底摆，完成衣身部分，进行全方位检查与调整，如图 10-11 所示。领口弧线

图 10-9 完成前下片

图 10-10 别合侧缝、分割线

图 10-11 衣身完成图

的折边需要打剪口，剪口间距 2cm。

（三）袖

该款袖型为较合体的七分袖，袖山高 $=0.6 \times \dfrac{AH}{2}$。取 A 款袖片面料，参考第二单元原型袖的制作方法裁剪并装袖，如图 10-12 所示。注意对位点的控制与吃势的合理分布。

（四）领

1. 固定后领

根据款式确定后领装领线及止口线位置（别针做记号或贴条），取双折烫好的 A 款领片面料，以双折边为止口，由后中线开始装领，注意需要边打剪口边固定，保证高立领平服，如图 10-13 所示。

2. 固定第一裥

在后肩位向前叠第一裥，折叠量 6~8cm，在与颈前点相同高度的位置，止口出现第一个转折，观察止口线位置与造型，确认符合款式后在肩线处固定该裥，如图 10-14 所示。

3. 固定后四裥

采用相同方法制作，保持各裥间距约 4cm、裥量 8cm，依次完成下面四次折叠，并折净下止口（打开双层向内折），如图 10-15 所示。注意观察止口造型与走向，确定裥的方向满意后在离开袖窿弧 4cm 处别合固定，后领超出别合线 2cm、前领超出袖窿 2cm，修剪装领线处余料。六层折领的固定与修剪需要一些力度。

图 10-12 袖完成图

图 10-13 固定后领

4. 完成叠裥领造型

折净装领线毛边，沿后领口、前袖窿固定折叠边，完成褶裥领，如图 10-16 所示。

图 10-14　固定第一裥

图 10-15　固定、修剪各裥

图 10-16　领完成图

（五）完成造型

做好轮廓线及装领对位点记号，完成整体造型，进行全方位检查，如图 10-17 ~ 图 14-19 所示。

图 10-17　完成图（正面）

图 10-18　完成图（侧面）

图 10-19　完成图（背面）

（六）裁片修正

取下衣片，进行平面修正，得到裁片如图 10-20 所示。确认后，拷贝纸样备用。

三、课堂练习

根据介绍的操作步骤与要求独立完成该款上装的立体造型。

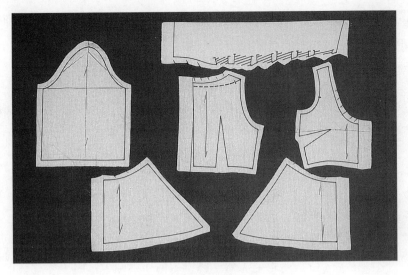

图 10-20 裁片

第二节 小立领衬衫立体裁剪

一、款式说明

如图 10-21 所示，此款式造型合体，长至中臀处，左右对称，在高腰处横向分割，前中连裁，由前至后衣身斜向分割，前中片胸下叠裥，倒向侧缝，方向竖直，侧片由后中上段覆盖至前侧，后片为后中下段的三角区域，窄立领，插肩短袖，前后各有一个裥，指向肩点。

二、操作步骤与要求

（一）制作上部分衣身

1. 贴标记带

按照款式要求，在人台上贴标记带。需要贴出领窝、插肩袖、斜向分割、高腰分割线以及下摆等关键位置，如图 10-22 所示。注意各关键点的定位及线条的走向。

2. 制作前上片

取 B 款前上片面料，将十字画线分别

图 10-21 款式图

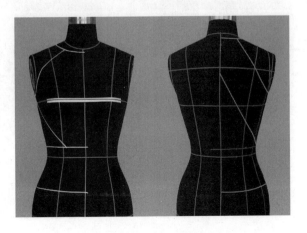

图 10-22 贴标记带

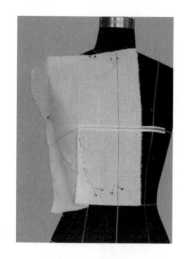

图 10-23　固定与别省

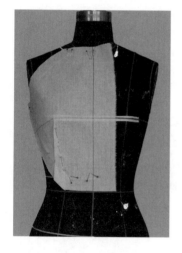

图 10-24　修剪

对齐胸围线与前中线交点，固定前中上下点，胸围线以上推平固定周围轮廓，将余量推至胸点以下，掐别省道，省中线外翻倒向侧缝，修剪余量，如图 10-23 和图 10-24 所示。由于该款成品采用弹性面料制作，所以在立体造型时可忽略松量。

3. 制作斜侧片

取 B 款斜侧片面料，固定在人台上，铺平后固定周围轮廓，剪掉余量，如图 10-25 ~ 图 10-27 所示。

4. 制作后中上片

取 B 款后上片面料，对齐后中固定，操作步骤与上步相同，如图 10-28 和图 10-29 所示。

5. 三片连接

将三个衣片以折别法连接固定，由于线条较长，可在关键位置设置对位点以确保平整。检查分割造型是否符合设计要求，可适当调整，完成的衣身如图 10-30 ~ 图 10-32 所示。

（二）制作袖子

1. 固定

取 B 款袖片面料，将面料画线的十字交点对准肩点，肩线保证经纱，固定插肩袖与领窝的前后交点，如图 10-33 和图 10-34 所示。

2. 别省

掐别省道，省中线外翻倒向侧面，与前片省道处理方式相同，如图 10-35 所示。

3. 修剪

用标记带贴出袖口位置，按照标记修剪插肩部位及袖口形状，如图 10-36 所示。

图 10-25　固定斜侧片（背）

图 10-26　固定斜侧片（侧）

图 10-27　修剪

图 10-28 固定后中片

图 10-29 修剪

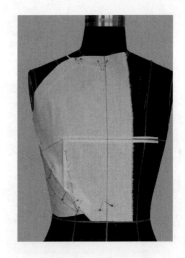

图 10-30 三片连接（正）

图 10-31 三片连接（侧）

图 10-32 三片连接（背）

图 10-33 固定袖坯布（正）

图 10-34 固定袖坯布（侧）

图 10-35 别省

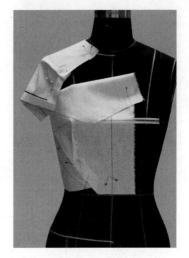

图 10-36 修剪

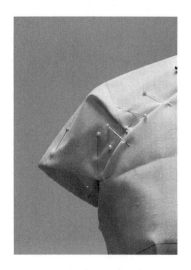

图 10-37　连接衣身

4. 连接衣身

袖口折进，拼合袖子与衣身，折别固定，如图 10-37 所示。

（三）制作领子

取 B 款领片面料，对折，由于纱向为斜纱，有一定弹性，转折也较自然，适合制作此款较窄的不贴身立领，将其固定在领口弧线上即可，如图 10-38 所示。

（四）制作下部分衣身

1. 固定

取 B 款前下片面料，面料十字画线分别对齐前中线与腰围线，如图 10-39 所示。

2. 修剪

边修剪腰部分割线，边向下旋转面料，使腰部平整，下摆保留一定松量，修剪轮廓，如图 10-40 所示。取 B 款后下片面料，同理制作后片下摆，在侧缝处连接前后片，上口折净，与衣身相连。

图 10-38　制作领子

图 10-39　固定下衣身

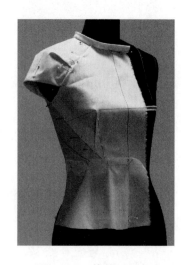

图 10-40　修剪下衣身

（五）完成造型

作轮廓线及装领对位点记号，完成整体造型，进行全方位检查，如图 10-41 ~ 图 10-43 所示。

（六）裁片修正

取下衣片，进行平面修正，得到裁片如图 10-44 所示。确认后拷贝纸样备用。

图 10-41　完成图（正）　　　图 10-42　完成图（侧）　　　图 10-43　完成图（背）

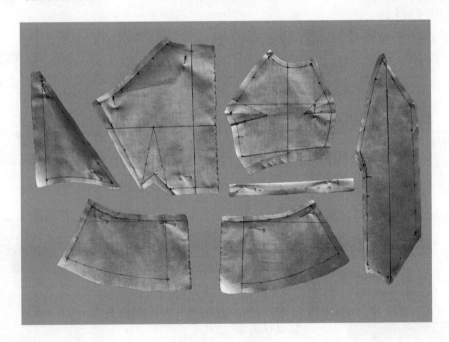

图 10-44　裁片

三、课堂练习

根据介绍的操作方法与要求独立完成该款上衣的立体设计。

第三节　连身立领上装立体裁剪

一、款式说明

如图 10-45 所示，本款式衣身合体，长度及腰。前衣片延伸至颈部，在前区及颈侧位置分别叠裥，两裥均指向胸高点，衣片在颈部形成领状，前衣片延伸至后片形成后身立领；后衣身左右各收一个腰省。一片式五分袖，袖身合体，有两个由袖下缝指向袖山的斜向裥。

二、操作步骤与要求

（一）制作后衣身

参考第四、第五单元衣身的立体裁剪方法，制作后衣身，并用标记带贴出后领口位置，如图10-46所示。

（二）制作前衣身

1. 坯布固定

取C款前片备料，面料十字画线分别与前中线及胸围线对齐，分别固定前中线上、下点，如图10-47所示。

图10-45　款式图

图10-46　人台准备

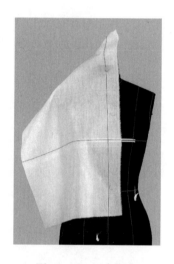

图10-47　坯布固定

图10-48　推移省量

2. 推移省量

腰部打剪口，将腰部余量推移至肩部区域。固定侧缝上、下点，肩点，此时余量集中在颈肩处，胸腰围处保留适当松量，如图10-48所示。

3. 修剪

修剪腰部侧缝、袖窿及部分肩线，如图10-49所示。

4. 折第一裥

将肩颈处的余量分为两份，根据款式图，在领口靠近前中约2cm处，折第一裥，由于折裥量来源于胸省量，因此指向胸高点，如图10-50所示。

5. 修剪领口

从前中开始，修剪部分领口，如图10-51所示。

| 图 10-49　修剪 | 图 10-50　折第一裥 | 图 10-51　修剪领口 |

6. 叠第二裥

继续修剪领口至后中，并固定肩部的裥（第二裥），位于颈侧偏侧，在颈侧处形成一个斜面，类似领面翻出的效果，该裥的来源依然为胸省量，因此指向也同第一裥，与第一裥在胸高点附近相交，形成领尖造型，如图 10-52 所示。

7. 修剪

修剪剩余的肩线至裥的内层折叠线处，再纵向剪至肩线净线处，以便与后片相连，如图 10-53 所示。

8. 别合前后片

前片压后片折别连接前后片的肩线及侧缝，如图 10-54 所示。

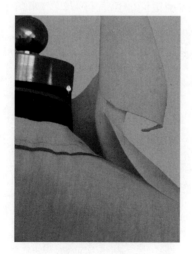

| 图 10-52　折第二裥 | 图 10-53　修剪 | 图 10-54　折别肩线及侧缝 |

9. 完成衣身

修剪后领处的余量，后领下口弧线打剪口，折净并别合后领口，如图 10-55、图 10-56 所示。

（三）制作袖子

1. 准备基础袖

参考第六单元一片袖的制作方法，在袖窿上制作一片式合体袖，如图 10-57 所示。

图 10-55　折别后领口（侧）　　　图 10-56　折别后领口（背）　　　图 10-57　人台准备

2. 标记位置

在一片袖上，用标记带贴出两个斜裥以及袖口的位置，如图 10-58 所示。

3. 平面叠裥

取下袖片，拆开平铺，将备好的袖片面料，放置于上层。经纱向对齐袖中线，在标记位置别出合适大小的裥，在袖山褶裥指向的位置打剪口，如图 10-59 所示。

4. 粗裁

按照一片袖的轮廓，粗裁上层叠好裥的面料，如图 10-60 所示。

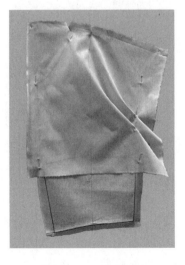

图 10-58　标记位置　　　　　图 10-59　平面叠裥　　　　　图 10-60　粗裁

5. 绱袖

将粗裁的袖片别合成筒状后装到衣身上，挑别固定，进行全方位检查；效果满意后折净袖口，完成斜裥合体袖的立体裁剪，如图 10-61 所示。

（四）完成造型

折净下摆并固定，全方位检查造型，确认无误后做轮廓和关键点标记，如图 10-62 ~ 图 10-64 所示。

（五）裁片修正

确认做好标记线与对位点，拆下衣身及袖子，平面修正板型，得到裁片如图 10-65 所示，确认后拷贝纸样备用。

图 10-61　绱袖

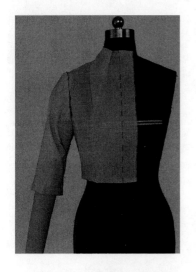 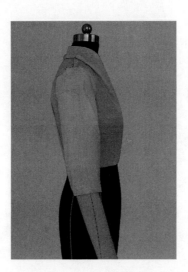 

图 10-62　完成图（前）　　　　图 10-63　完成图（侧）　　　　图 10-64　完成图（背）

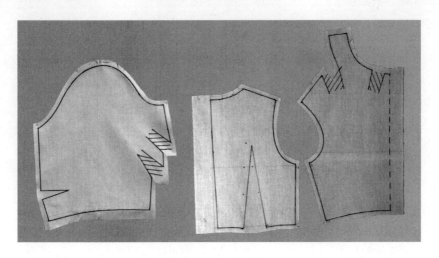

图 10-65　裁片

课后练习

参考本单元的操作方法，选择图 10-66 中任一款式，独立完成立体造型设计。

图 10-66   上衣款式图

半身裙立体裁剪（一）

课程名称：半身裙立体裁剪（一）

课程内容： 1. 低腰育克暗裥裙立体裁剪

2. 圆裙立体裁剪

3. 鱼尾裙立体裁剪

上课时数：4课时

教学提示：本单元主要介绍下摆展开式半身裙的立体造型设计，体现纵横分割线的结构性作用以及暗裥、波浪褶在塑型中的作用。建议引导学生分析款式，确定各部位比例关系及塑型方法，参考基本操作方法，从局部着手进行立体设计。

教学要求： 1. 使学生掌握育克的操作方法。

2. 使学生熟悉褶裥的操作方法。

3. 使学生掌握波浪褶的塑型方法。

4. 使学生掌握非均匀变化造型的塑造方法。

5. 使学生具备一定的综合分析款式的能力。

6. 使学生具备一定的独立操作能力。

第十一单元　半身裙立体裁剪（一）

【准备】

一、知识准备

根据造型特征，裙装可以分为紧身型、松身柱型（H型）、圆台型（A型）、倒台型（V型）四类，各类造型还可以组合出现。

各种造型的实现离不开收省、分片、叠褶、出褶四种方法。原型裙作为紧身型的代表款式，通过收腰省实现合体造型；折直线裥可以实现H造型；折斜线裥可以实现V造型；抽波浪褶可以实现A造型。通过分片还可以实现造型的组合。

本单元主要学习通过分片（横向、纵向）、叠褶裥、做波浪褶的方法完成A造型半身裙。

二、材料准备

本单元需用幅宽160cm的白坯布约260cm，打板纸三张，标记带少量。

如图11-1所示准备各片面料，将撕取好的面料烫平、整方，分别画出经纬纱线。

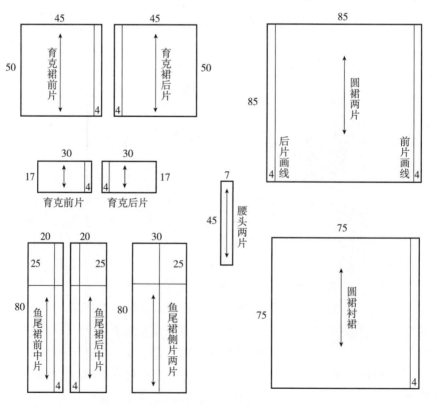

图11-1　备料图

三、工具准备

所需工具

熨斗、软尺、方格尺、曲线尺、剪刀、大头针及针插、铅笔、彩色铅笔、描线器等。

第一节　低腰育克暗裥裙立体裁剪

一、款式说明

如图 11-2 所示，此款半身裙的腰臀部基本合体，裙长至膝上。低腰，横向分割育克，裙身呈 A 型，前、后片公主线位左右对称有阴裥。

二、操作步骤与要求

（一）育克

1. 贴标记带

按照款式要求，在人台上贴出腰口与育克分割的标记带，如图 11-3 所示。腰口与腰围线平行向下 3cm，分割线在新腰口与臀围线间居中的位置。

2. 固定前育克

取育克前片面料，下口低于分割线 3cm，经向线对齐前中线，固定前中线位；围度方向上口、下口分别留 0.5cm 松量，固定侧缝，如图 11-4 所示。

图 11-2　款式图

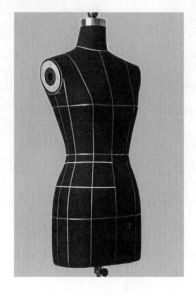

图 11-3　贴标记带

图 11-4　固定前育克

3. 修剪前育克

留 2cm 缝份，修剪腰口余料，打斜向小剪口；修剪下口，完成前育克，如图 11-5

所示。

4. 完成后育克

取育克后片面料，采用相同方法，完成后育克，如图11-6所示。

（二）裙片

1. 固定前裙片

取本款前片面料，经向线对齐前中线，在分割线标记以上留8cm固定前中及公主线位，如图11-7所示。

2. 留褶裥量

公主线处约留12cm余量临时固定，沿分割线将余量推至底摆（留0.5cm松量），固定侧缝，如图11-8所示。

图11-5　修剪前育克　　　　图11-6　完成后育克

3. 修剪前裙片

沿公主线向内对称折进余量，固定暗裥上口，理顺折叠线，臀围线上2cm处单针两侧横别固定（注意保留围度松量）；留2cm缝份修剪分割线上口，修剪侧缝时上部留2cm、下部留5cm（为保持A造型），自然过渡剪顺，如图11-9所示。

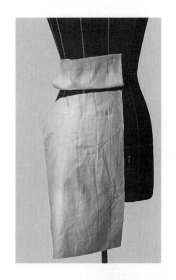

图11-7　固定前裙片　　　　图11-8　留叠裥量　　　　图11-9　修剪前裙片

4. 别合裙片

取本款后片面料，采用相同方法完成后片（修剪侧缝时要求与前片对称）；前、后片分别上压下折别育克分割线，注意保持线条顺直、侧缝处前后对合。

前压后折别侧缝，先对合分割线并固定该位置，向上别合育克部分，向下别合至底摆。左手拉直侧缝，右手调整前片折进量以及与后片的搭合量，确认整条侧缝顺直后先大间距别合，退后并面对侧缝观察，再次确认侧缝位置正常（没有前后偏移）且顺直向下后，继续以正常间距别合，如图 11-10 所示。

（三）整体造型

沿水平方向做裙长记号，留 3cm 折边修剪底摆，折净底摆与腰口，完成整体造型，进行全方位检查，如图 11-11 ~ 图 11-13 所示。

（四）裁片

取下衣片，进行平面修正，得到裁片如图 11-14 所示。确认后，拷贝纸样备用。

三、课堂练习

根据介绍的操作方法与要求独立完成该款半身裙的立体设计。

图 11-10 别合裙片

图 11-11 完成图（正面）

图 11-12 完成图（侧面）

图 11-13 完成图（背面）

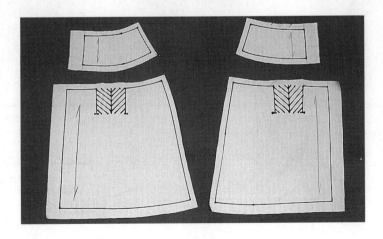

图 11-14 裁片

第二节　圆裙立体裁剪

一、款式说明

如图 11-15 所示，此款半身裙腰部合体，裙长过膝，底摆自然呈波浪状。

二、操作步骤与要求

（一）前裙片

1. 固定前裙片

取本款一片面料，腰围线以上留 15cm，经向线对齐前中线，固定前中上、下点，如图 11-16 所示。

2. 第一波浪

如图 11-17 所示，沿腰围线以上 3cm，水平剪开至前中线内 3cm 处，打斜剪口至距腰围线 1cm；腰口下落，整理底摆，做出第一波浪，臀围处约 5cm 褶量。

3. 完成前裙片

如图 11-18 所示，向侧上方向继续弧线剪进（少剪多修，避免剪缺），间距约 3cm 依次打斜剪口，下落腰口，完成第二~第四波浪。注意在臀围线上把握褶量，尽可能保持均匀，侧缝处留一半褶量。

图 11-15　款式图

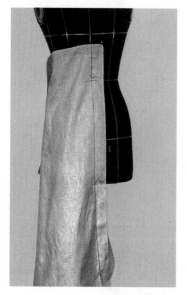

图 11-16　固定前裙片

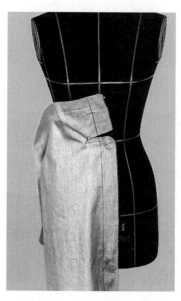

图 11-17　第一波浪

图 11-18　前裙片完成图

（二）后裙片

如图 11-19 所示，采用相同方法
完成后裙片，参考本单元第一节内容
别合侧缝，完成手帕裙造型。

（三）完成造型

1. 修剪底摆

如图 11-20 所示，根据款式要求
确定裙长，为了保证裙下摆平齐，需
要在不同方位，与地面距离相等的位
置别针做裙长记号，拉展底摆，留
3cm 折边圆顺修剪。

2. 装腰头

图 11-19　别合前、后裙片　　　图 11-20　修剪底摆

折净底摆，装腰头，做轮廓线及腰头对位点记号，完成圆裙造型，全方位观察，要求底
摆波浪均匀，造型自然，如图 11-21 ~ 图 11-23 所示。

图 11-21　完成图（正面）　　　图 11-22　完成图（侧面）　　　图 11-23　完成图（背面）

（四）裁片

取下衣片，进行平面修正，得到圆裙裁片如图 11-24 所示。确认后，拷贝纸样备用。

三、课堂练习

采用类似方法，独立完成及膝半圆裙的立体设计，并将其作为衬裙，抽缩固定圆裙底摆
后完成灯笼裙的设计，如图 11-25 所示。

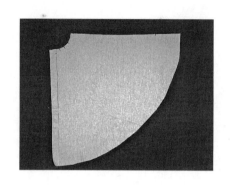

图 11-24 裁片

图 11-25 灯笼裙

第三节 鱼尾裙立体裁剪

一、款式说明

如图 11-26 所示，此款半身裙纵向分割成六片，上半部分造型合体，下半部分围度加大，形成鱼尾造型。

二、操作步骤与要求

（一）前裙片

1. 固定前中片

如图 11-27 所示，取本款前中片面料，经、纬向画线分别与人台臀围线和前中线对齐，固定上、下点；保持纬纱向画线与臀围线一致，固定公主线处臀位，需留出 0.3cm 松量；大约在面料长度的下 $\frac{2}{5}$ 处标明鱼尾造型的起始位置。

2. 修剪余料

如图 11-28 所示，留出约 3cm 缝份，修剪鱼尾标记线以上的公主线外侧余料。

3. 固定前侧片

取一片侧片面料，经、纬向辅助线分别与人台标记线对齐（以经向为主），臀围留出 0.6cm 松量固定各点；与前中片对应标明鱼尾造型起始位置，如图 11-29 所示。

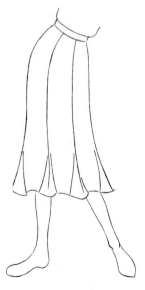

图 11-26 款式图

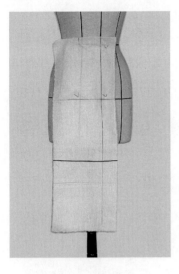

图 11-27　固定前中片

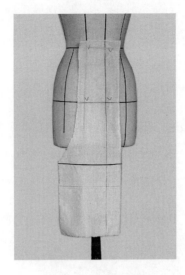

图 11-28　修剪余料

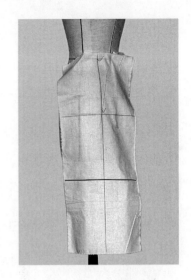

图 11-29　固定前侧片

4. 别合分割线

标记线以上沿公主线掐别前中片与前侧片，注意保持腰臀部位适当松量；标记线以下逐渐宽出；留出 2 cm 缝份，清剪余料并掐别分割线，如图 11-30 所示。

（二）后裙片

取本款后中片、侧片面料，采用与前片相同的方法完成后裙片，如图 11-31 所示。

（三）完成造型

1. 修剪侧缝

鱼尾标记线以上沿侧缝线掐别，注意保持腰臀部位适当松量；标记线以下逐渐宽出（注意各部位宽出量保持一致，保证造型均匀）；留出 2 cm 缝份，清剪别合部位余料，如图 11-32 所示。

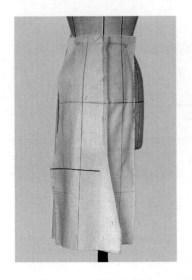

图 11-30　别合分割线

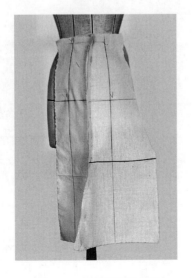

图 11-31　后裙片完成图

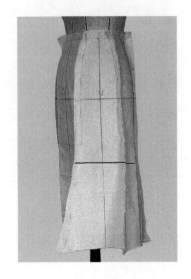

图 11-32　修剪侧缝

2. 别合裙片

在鱼尾造型起始位置的各个缝份打剪口，并适当用力拉开，使造型过渡自然；将各分割线折别固定，注意保持腰臀部位松量；全方位观察造型，过紧的部位略放、松弛的部位略收，确保造型均匀，如图 11-33 所示。

3. 完成造型

装腰头，扣折底摆折边并固定，做轮廓线及各片对位点记号，完成六片式鱼尾裙造型，如图 11-34 ~ 图 11-36 所示。

（四）裁片修正

取下裙片，进行平面修正，得到鱼尾裙裁片如图 11-37 所示。确认后，拷贝纸样备用。

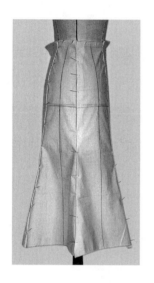

图 11-33 别合裙片

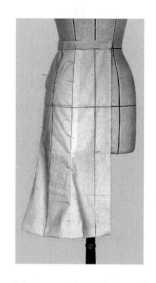

图 11-34 完成图（正面）

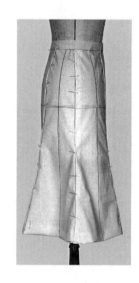

图 11-35 完成图（侧面）

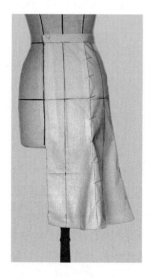

图 11-36 完成图（背面）

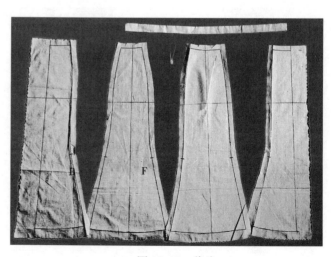

图 11-37 裁片

三、课堂练习

图 11-38 所示款式为八片式鱼尾裙，参照以上操作方法独立完成造型。

课后练习

参考本单元的操作方法，选择图 11-39 中任一款式，独立完成半身裙立体造型设计。

图 11-38　款式图　　　　　　　　　图 11-39　款式图

半身裙立体裁剪（二）

课程名称：半身裙立体裁剪（二）

课程内容：1．弧形裥裹裙立体裁剪

2．辐射裥裙立体裁剪

3．抽褶波浪裙立体裁剪

上课时数：4课时

教学提示：本单元主要介绍三款腰腹部丰满造型半身裙的立体造型设计，不同类型、不同位置、不同走向的褶裥的组合应用，体现出款式的变化。建议引导启发学生在掌握基本造型方法的基础上，充分发挥创新能力，设计出更佳的作品。

教学要求：1．使学生掌握腰位多个顺裥的操作方法。

2．使学生熟悉弧形省的操作方法。

3．使学生掌握辐射裥的操作方法。

4．使学生熟悉波浪褶的操作方法。

5．使学生具备一定的综合分析款式的能力。

6．使学生具备一定的独立操作能力。

第十二单元　半身裙立体裁剪（二）

【准备】

一、知识准备

本单元主要学习通过收省、叠斜线裥、抽褶等方法完成不同造型的裙装。另外，需要熟悉紧身型半身裙的操作方法。

二、材料准备

本单元需用幅宽 160cm 的白坯布约 240cm，打板纸三张，标记带少量。

如图 12-1 所示准备各片面料，将撕取好的面料烫平、整方，分别画出经纬纱向线。

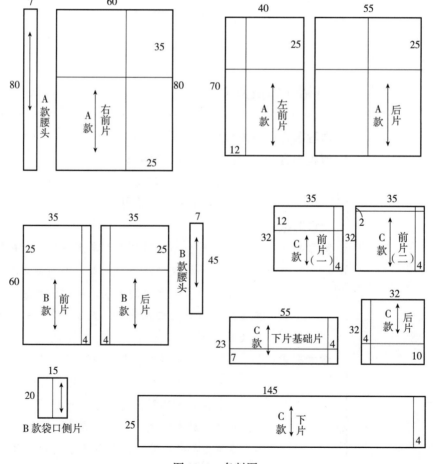

图 12-1　备料图

A 款为第一节款式，B 款为第二节款式，C 款为第三节款式

三、工具准备

所需工具

熨斗、软尺、方格尺、曲线尺、剪刀、大头针及针插、铅笔、彩色铅笔、描线器等。

第一节　弧形裥裹裙立体裁剪

一、款式说明

如图 12-2 所示，此款半身裙后身与左侧造型合体，前身上部左右不对称，相互重叠至前公主线位。左前片与原型基本相同，右前片在前中线偏左腰位连续叠三个顺向斜线裥，使腹部出现松量，腰口多余宽度由门襟处自然垂下呈波浪状，前裙片底摆呈弧线状，左右对称。

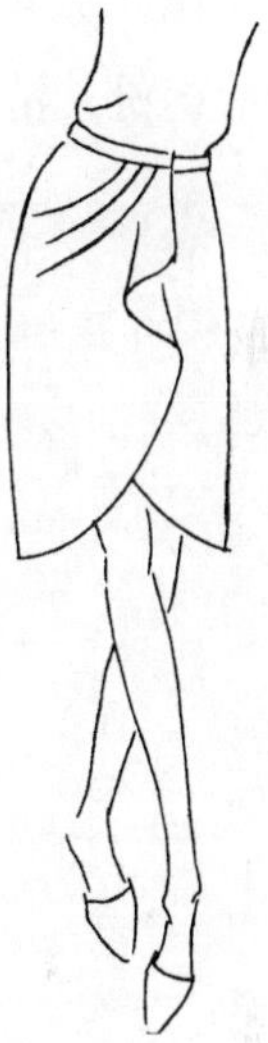

二、操作步骤与要求

（一）右前裙片

1. 贴标记带

根据款式要求，在人台右侧贴出三个折裥的位置，注意各裥间距及折边线走向，如图 12-3 所示。

2. 固定右裙片

如图 12-4 所示，取 A 款右前片面料，保持经纱向画线与前中线一致，固定前中上、下点；保持纬纱向画线与臀围线一致，留出 0.5cm 松量，固定右侧臀位。

图 12-2　款式图

3. 叠第一个裥

如图 12-5 所示，沿标记线向侧缝叠第一个裥，腰口叠进约 6cm，理顺折线后横别固定腰口。

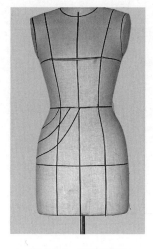

图 12-3　贴标记带

图 12-4　固定右裙片

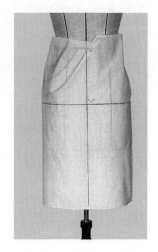

图 12-5　叠第一个裥

4. 完成折裥

如图 12-6 所示，根据标记线依次折出第二、第三个裥，裥量递减 1cm，理顺折线并固定腰口；腰口留出 1.5cm 缝份，清剪余料。注意，操作时需要在上口各裥之间打剪口。

5. 修剪底摆

根据款式要求，在裙片上画出底摆造型线，留出 2cm 折边，余料清剪；顺势剪出门襟造型，整条弧线要求圆顺，如图 12-7 所示。

6. 完成右前裙片

如图 12-8 所示，在左侧公主线处固定腰口，腰部宽出量自然垂下形成波浪状；留出 1.5cm 缝份，清剪侧缝余料，注意臀围线以下侧缝为竖直线。

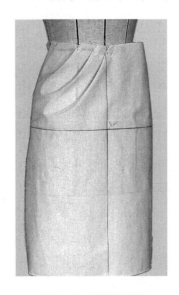 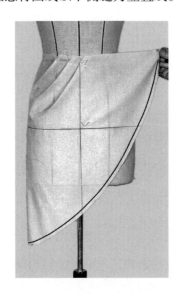 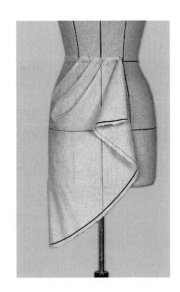

图 12-6　折裥完成图　　　　图 12-7　修剪底摆　　　　图 12-8　右前裙片完成图

（二）左前裙片

1. 固定左裙片

如图 12-9 所示，取 A 款左前片面料，保持经纱向画线与前中线一致，固定前中上、下点；保持纬纱向画线与臀围线一致，留出 0.5cm 松量固定左侧臀位。

2. 别腰省

理顺腰部松量，在适当位置掐出腰省；腰部打剪口，折别腰省，如图 12-10 所示。参考第二单元裙片原型的操作步骤与要求。

3. 完成前裙片

将左、右裙片正常叠合，根据右裙片造型，在左裙片上对称画出底摆造型线，要求整条弧线圆顺；留出 2cm 折边，清剪下摆余料；留出 1.5cm 缝份，清剪侧缝余料，注意臀围线以下侧缝为竖直线，如图 12-11 所示。

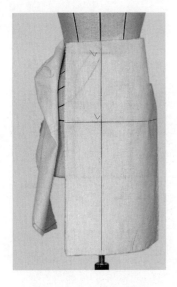

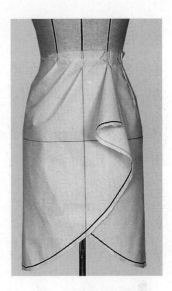

图 12-9　固定左裙片　　　　　　　图 12-10　别腰省　　　　　　　图 12-11　前裙片完成图

（三）后裙片

1. 完成后裙片

如图 12-12 所示，取 A 款后片面料，参考第二单元裙片原型的操作步骤与要求，收腰省完成后裙片。

2. 别合侧缝

顺直别合左、右侧缝，圆顺、折净底摆及门里襟折边，如图 12-13 所示。

3. 装腰头

全方位观察裙身，造型满意后在需要位置做记号；将扣烫好的腰头与裙片腰口别合，注意从左片里襟位开始装起，如图 12-14 所示。

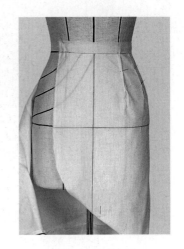

图 12-12　后裙片完成图　　　　　图 12-13　别合侧缝　　　　　　图 12-14　装腰头

（四）整体造型

完成叠裥裹裙，全方位观察造型，如图 12-15 ~ 图 12-17 所示。

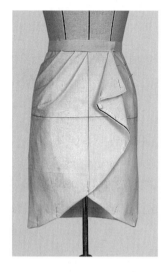
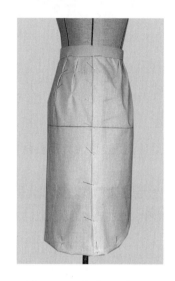

图 12-15　完成图（正面）　　　　图 12-16　完成图（侧面）　　　　图 12-17　完成图（背面）

（五）裁片修正

将裙片取下，各结构线进行平面修正，得到完整裁片，如图 12-18 所示。确认后，拷贝纸样备用。

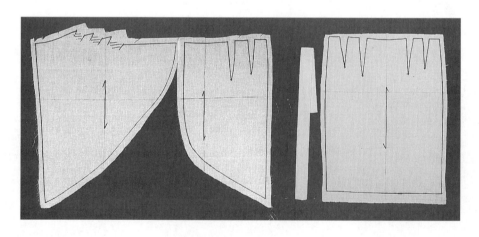

图 12-18　裁片

三、课堂练习

根据介绍的操作方法独立完成该款半身裙的立体造型。

第二节　辐射裥裙立体裁剪

一、款式说明

如图 12-19 所示，此款半身裙裙长及膝，另装窄腰头，前片腰部收弧形省，省与侧缝间有横向袋口，袋口下有三个辐射裥；后片左、右各收两个腰省，后中腰口处装拉链，底摆开衩。

二、操作步骤与要求

（一）前裙片

1. 贴标记带

按照款式要求，在人台上贴出弧形省、辐射裥及袋口的标记带，如图 12-20 所示。注意，在省道上第三裥位置距离省尖需要 5cm 左右。

2. 固定前裙片

如图 12-21 所示，取 B 款前片面料，经、纬纱向画线分别对齐前中线与臀围线，固定前中上、下点，臀围留 1.5cm 松量，固定侧缝。

3. 叠第三个裥

如图 12-22 所示，固定腰口处省位，剪开弧形省至距省尖 2cm 处，注意上端省缝留 1cm、下端省缝只留 0.5cm；沿最下面一个裥的标记线向上折，折进 6cm，理顺明折边，横别固定。

图 12-19　款式图

图 12-20　贴标记带

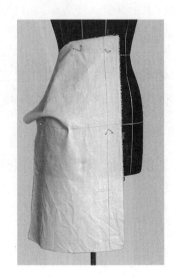

图 12-21　固定前裙片

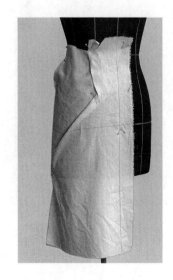

图 12-22　叠第三个裥

4. 完成各裥

如图 12-23 所示，根据标记线依次折出上面两个裥，裥量递减 1.5cm，理顺裥的折边，裙的上口处横别固定；沿标记线修剪并折净袋口。

5. 别合腰省

修剪省位余料，别合弧形省下半部分，如图 12-24 所示。

6. 固定袋口侧片

如图 12-25 所示，取 B 款袋口侧片面料，经纱向画线比齐胸宽垂线标记带，固定袋口侧片，袋宽与袋深都取 18cm，修剪余料。

图 12-23　折裙完成图

图 12-24　别合腰省

图 12-25　固定袋口侧片

7. 别合侧片

如图 12-26 所示，翻下前裙片，比齐记号，固定袋口，别合弧形省上半部分。注意保持省线顺直。

（二）后裙片

如图 12-27 所示，取 B 款后片面料，参考第二单元裙片原型的操作步骤与要求，收腰省完成后裙片。

（三）整体造型

折净底摆，装腰头，完成整体造型，进行全方位观察，如图 12-28 ～图 12-30 所示。

（四）裁片修正

将裙片取下，各结构线进行平面修正，得到完整裁片，如图 12-31 所示。确认后，拷贝纸样备用。

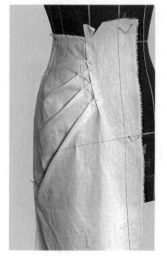

图 12-26　别合侧片

三、课堂练习

根据介绍的操作方法独立完成该款半身裙的立体造型。

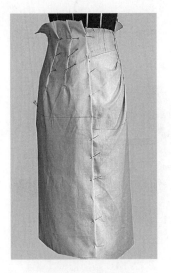

图 12-27　完成后裙片

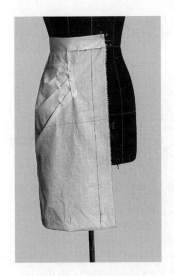

图 12-28　完成图（正面）

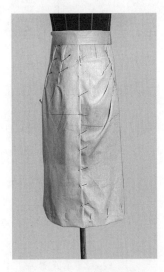

图 12-29　完成图（侧面）

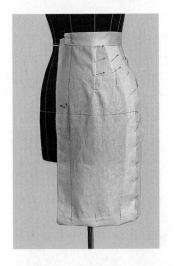

图 12-30　完成图（背面）

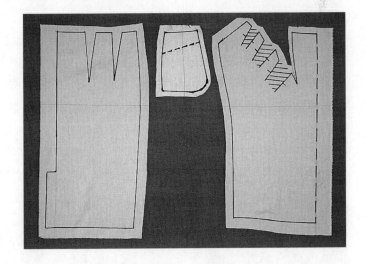

图 12-31　裁片

第三节　抽褶波浪裙立体裁剪

一、款式说明

如图 12-32 所示，该款裙子裙长较短，低腰，无腰头；裙身有前高后低的斜向分割，上裙的前中线处有横向褶皱，两侧贴体；下裙有密集的波浪，整体造型动感活泼。

二、操作步骤与要求

（一）制作上裙

1. 人台准备

根据款式图在腰口及分割线位置贴标记带，如图 12-33 和图 12-34 所示。

图 12-32 款式图

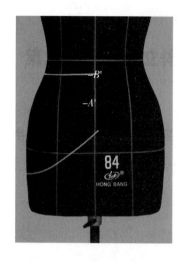

图 12-33 贴标记带（正）

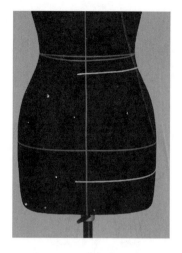

图 12-34 贴标记带（背）

2. 制作前裙片

方法一：取C款前片（一）的面料，将面料的十字画线交点位置与人台前中线中点位置 A' 对齐，纬纱保持水平，固定侧缝，如图 12-35 所示。侧缝处打剪口，以纬纱线为界限，上下分别将余量推至前中线上，确保余量足够，固定周围轮廓，如图 12-36 所示。将前中余量抽褶整理造型，修剪四周余量，如图 12-37 所示，褶皱基本为横向。

图 12-35 固定前裙片

图 12-36 推移前中余量

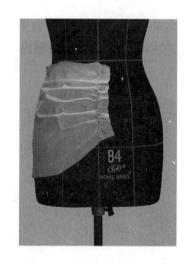

图 12-37 抽缩前中线（一）

方法二：取C款前片（二）的面料，将面料的十字画线交点位置与人台前中 B' 对齐，水平线与侧缝上点重合，腰围线在水平线下呈弧线状，固定侧缝上点，将余量推至前中线上，确保余量足够，固定周围轮廓，如图 12-38 所示。将前中余量抽褶整理造型，修剪四周余量，如图 12-39 所示，褶皱基本走向为从前中斜向下指向侧缝。

通过两种位置的最终效果对比发现，纬纱位置的不同与褶皱的方向有关，在制作时可根据需求进行调整。

图 12-38 固定前裙片余量

图 12-39 抽缩前中线（二）

3. 制作后裙片

取 C 款后片面料，对齐画线人台后中与臀围线十字，臀围线保持纬纱，臀围线上保留 1cm 松量，腰部余量在后腰中点处收省，完成后片，如图 12-40 所示。

4. 完成上裙

修剪四周轮廓，拼合前后片，然后折别侧缝，完成裙身造型，如图 12-41 所示。

图 12-40 制作后裙片

图 12-41 折别侧缝

（二）制作下裙

1. 制作下裙基础片

参考第十一单元育克裙的制作方法，取 C 款下片基础片的面料，制作紧身造型的下裙，完成后将裁片取下，如图 12-42 所示。

2. 制作下摆外层波浪

将 C 款下片面料沿横向叠三倍裥，每一个褶裥宽度为 1cm 与取下的裁片 C 两侧轮廓相对，下端长出 2cm 后修剪上口，叠折效果如图 12-43 所示。这种规则的叠折外观整齐有节奏感，

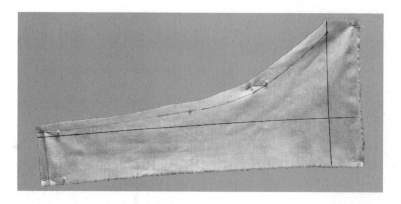

图 12-42 下裙基础裁片

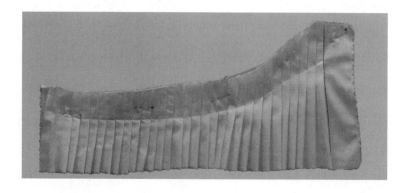

图 12-43 叠三倍裥

但不能形成外张的轮廓，比较死板。将上口抽缩形成褶皱，效果较自然，裙摆有向外张开的趋势。

（三）完成造型

上裙片前中采用斜向褶皱，并用抽摺的方法制作下裙，成品如图 12-44 ~ 图 12-46 所示。

图 12-44 完成图（正）

图 12-45 完成图（侧）

图 12-46 完成图（背）

（四）裁片修正

取下裙片，进行平面修正，得到裁片如图 12-47 所示。确认后拷贝纸样备用。

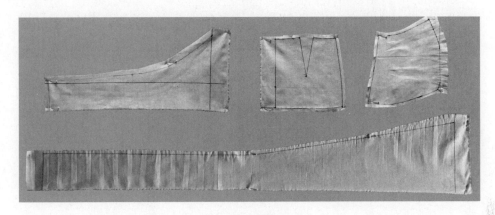

图 12-47　裁片

三、课堂练习

根据介绍的操作方法与要求独立完成该款裙装的立体设计。

课后练习

参考本章的操作方法，在图 12-48 中选择任一款式，独立完成裙装立体造型设计。

图 12-48　半身裙款式图

连衣裙立体裁剪

课程名称：连衣裙立体裁剪

课程内容： 1．旗袍立体裁剪

2．腰线分割式连衣裙立体裁剪

上课时数： 4课时

教学提示：本单元主要针对连衣裙造型进行立体设计，旗袍作为合体式的代表款式，通过收省实现修身造型，充分体现了省的作用。省位的选择及省量的确定是重点也是难点，可以通过左、右片不同处理效果的对比，让学生直观地感受最佳效果的确定过程，从而积累把握造型的经验。腰线分割式连衣裙主要体现腰位横向分割对合体造型的重要性，前身另加的装饰基于合体造型，又加入恰当的夸张，从而丰富和美化了造型，操作时需要准确把握合体感及相对夸张的立体感。

教学要求： 1．使学生掌握连身式合体衣片收省的基本操作方法与要求。

2．使学生熟悉裙片各部位放松量的基本要求。

3．使学生掌握弧线式偏门襟的立体裁剪。

4．使学生具备一定的塑造合体造型的能力。

5．使学生熟悉加深型立领的操作方法。

6．使学生熟悉弧形裥与环形裥的操作方法。

7．使学生具备一定的独立操作能力。

第十三单元 连衣裙立体裁剪

【准备】

一、知识准备

连衣裙是一类上衣与裙装连为一体的服装，根据造型大致可以分为紧身型（X型）、直身型（H型）、斜身型（A型）等。紧身型连衣裙要求造型精确度较高，可以通过收省、结构性分片实现造型，如旗袍（收省）、公主线连衣裙（纵向分割）、断腰节连衣裙（横向分割）。其他造型的连衣裙因不合体，可以通过装饰性分片、抽褶、叠裥等方法实现造型。

本单元出现加深立领、环形裥等局部造型，请参考本书相关内容。

二、材料准备

本单元需用幅宽160cm的白坯布约240cm，打板纸三张，标记带少量。

如图13-1所示准备各片面料，将撕取好的面料烫平、整方，分别画出经纬纱线。

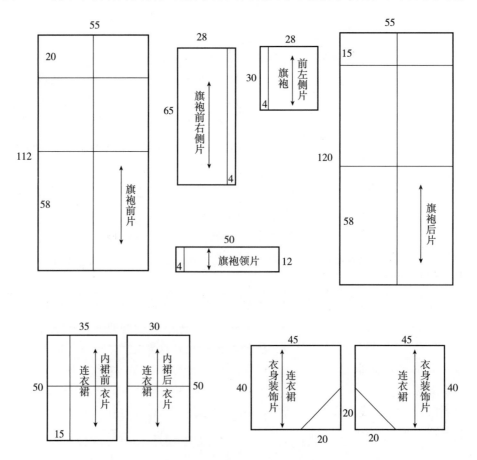

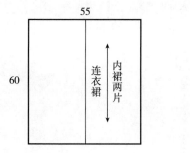
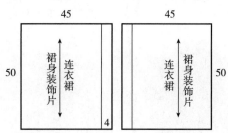

图 13-1 备料图

三、工具准备

所需工具

熨斗、软尺、方格尺、曲线尺、剪刀、大头针及针插、铅笔、彩色铅笔、描线器等。

第一节 旗袍立体裁剪

一、款式说明

如图 13-2 所示，该款旗袍造型合体，长及小腿。下落的圆角高立领，露半肩；前身弧线分割，右侧开门襟至臀围，中心有胆形镂空，左右对称收腰省各一；后身左、右各收两个腰省，两侧开衩至臀膝之间。

二、操作步骤与要求

（一）前片

1. 贴标记带

按照款式要求，在人台上贴出需要的标记带，如图 13-3 所示。注意根据比例确定造型线的位置与走向。

2. 掐别腰省

取本款前片面料，经、纬辅助线分别对齐前中线与胸围标记线，固定前中上、下点，注意纵向留足吸腰量；胸围留 2cm 松量，臀围留 1.5cm 松量，固定右侧缝；在公主线位掐别腰省，保留腰围松量 1.5cm，如图 13-4 所示。注意省位的选择，会影响整体收腰的感觉，可以在公主线区域调整并观察造型效果，培养造型感觉。

3. 别合省道

粗剪领口，固定肩线，取下侧缝上点固定针，袖窿留 1cm 松量，将余量推至腋下，重新固定侧缝上点；侧缝处余量即为胸省量，沿记号向上折进别合胸省；腰省中部打几个斜剪口

图 13-2 款式图

后折别；留 2cm 缝份后修剪侧缝与门襟，侧缝腰部打剪口，门襟前中胆形镂空沿标记带做记号，将来取下裙片后左右双折修剪，确保对称，如图 13-5 所示。

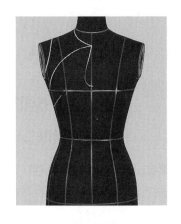
图 13-3　贴标记带

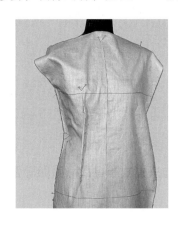
图 13-4　掐别腰省

图 13-5　别合省道

（二）前侧片

1. 固定前右侧片

图 13-6　固定前右侧片

取本款前右侧片面料，经纱辅助线对齐前中线，上口比齐人台颈部，依次固定前中上下点、颈肩点（修剪领口留 0.3cm 松量）、肩点；袖窿留出 1cm 松量，固定侧缝上点，余量推至腰位，固定侧缝下点；留 2cm 缝份后修剪袖窿、肩线与侧缝，如图 13-6 所示。

2. 完成前右侧片

如图 13-7 所示，与前片错开位置别合腰省，先用针别出内口弧线，然后留 2cm 缝份修剪余料，完成前右侧片。做全标记，取下前片，对称裁出左半部分，别合省道与分割线。

（三）后片

1. 掐别后省

取本款后片面料，经、纬纱辅助线分别对齐后中线与肩胛标记线，纵向留足吸腰量固定后中各点；左、右胸围松量各 2cm，臀围松量各 1.5cm，固定右侧缝；领口留 0.3cm 松量，固定颈肩点，肩部余量推至袖窿作为松量，固定肩点；公主线处掐第一省，背宽线内侧 1cm 处掐第二省（以右侧为准），两省中间位保持经纱向，腰围松量左、右各 1.5cm，如图 13-8 所示。

2. 完成后片

腰部省缝打剪口，折进别合；修剪四周余量，完成后片，如图 13-9 所示。

图 13-7　前右侧片完成图

（四）衣身成型

右侧裙片分别做轮廓线及对位点标记，注意前右侧片上需要做门襟造型的记号；将裙片取下，对称裁出前、后片的左半部分（前片剪出胆形镂空），拷贝各省记号，前左侧片下口比前右侧片门襟记号平行下落5cm裁剪；别好各片省道，别合门襟、肩缝与侧缝，折净底摆与袖窿，完成衣身部分，如图13-10所示。注意侧缝别合至开衩止点。

图 13-8 掐别后省

图 13-9 后片完成图

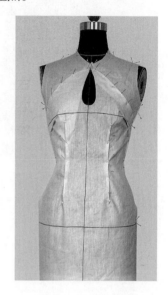
图 13-10 衣身完成图

（五）领

1. 别合立领

取本款领片面料，参考第七单元加深型立领的制作方法固定装领线，根据款式别出领前止口形状，如图13-11所示。

2. 完成立领

修剪领止口，做装领线、止口线与颈侧对位点的记号后取下领片，对称裁出左领部分；折别装领线，折净领止口，完成立领，如图13-12所示。

图 13-11 别合立领

图 13-12 立领完成图

（六）整体造型

完成整体造型，进行全方位检查，如图13-13～图13-15所示。

（七）裁片修正

将全部衣片取下，各结构线进行平面修正，得到裁片如图13-16所示。确认后，拷贝纸样备用。

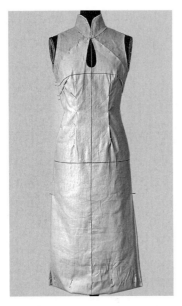

图 13-13 完成图（正面）

图 13-14 完成图（侧面）

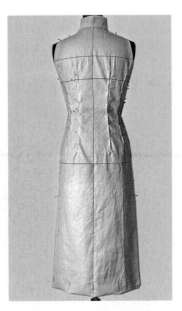

图 13-15 完成图（背面）

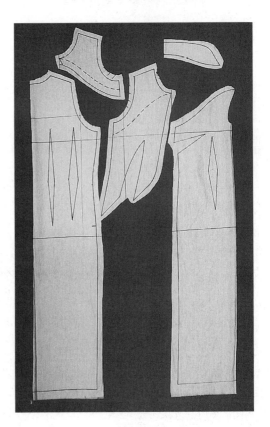

图 13-16 裁片

三、课堂练习

根据介绍的操作方法独立完成该款式的立体造型。

第二节 腰线分割式连衣裙立体裁剪

一、款式说明

如图 13-17 所示,此款连衣裙为 X 造型,腰线处横向分割,裙长及膝。内裙合体,抹胸领口,前中略有凹进,腰部收省,下部裙装前后左右各收两省,右侧缝开口装拉链;前身外加装饰,上部有两条从胸部到腰中区的弧形裥,左右对称呈桃心造型;下部腰口左右对称折叠较大量的环形裥,形成夸张的造型,底摆短于内裙,装饰部分由腰带与内裙固定。

二、操作步骤与要求

(一)内裙

1. 贴标记带

如图 13-18 所示,按照款式要求,在人台上贴出内裙上口的标记带。

2. 固定前衣片

如图 13-19 所示,取内裙前衣片面料,将画好的经纱辅助线对齐胸围标记线,纬纱辅助线对齐前中标记线,固定上部中点及两侧,捋顺中线,固定前中腰部;胸围不留松量,从两侧由上而下将余量全部推至腰部,固定侧缝下点。

图 13-17 款式图

3. 修剪前衣片

如图 13-20 所示,左、右片腰部各留 1.5cm 松量,折别腰省;四周留 2cm 缝份后剪去余料。

图 13-18 贴标记带

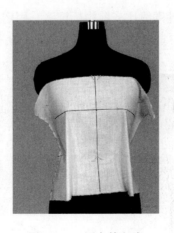

图 13-19 固定前衣片

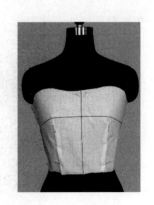

图 13-20 修剪前衣片

4. 固定后衣片

如图 13-21 所示,取内裙后衣片面料,将纬纱辅助线比齐后中标记线,理顺布料,固定后中上、下点；上口不留松量，理顺后固定两侧缝上点；腰线以下打剪口，左、右片腰部各留 1.5cm 松量，理顺布料，固定两侧缝下点。

5. 修剪后衣片

如图 13-22 所示，四周留 2cm 缝份后剪去余料。

6. 制作内裙

取本款内裙面料，参考第二单元裙片原型的操作方法完成下裙，上压下折别固定腰口处，折净并固定上口及底摆，内裙制作完成，如图 13-23 所示。

图 13-21　固定后衣片

图 13-22　修剪后衣片

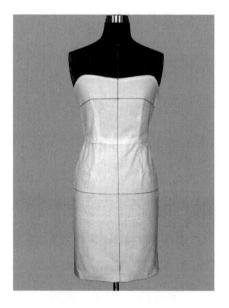

图 13-23　内裙完成图

（二）衣身装饰

1. 贴标记线

如图 13-24 所示，在内裙上贴出弧形裥的标记线。注意弧线走向，需考虑左、右片对称后的完整效果。

2. 固定衣身装饰

取衣身装饰片面料，画辅助线比齐前中标记线，固定上、下点；第一裥上口处折叠大约 6cm 临时固定，注意留出上口折转止口形成空间的纵向余量，如图 13-25 所示。

图 13-24　贴标记线

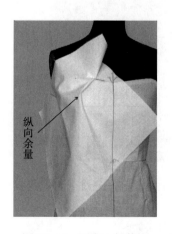

图 13-25　固定上部装饰

3. 固定第一裥

如图 13-26 所示，沿标记线理顺第一裥，下点大约折叠 4cm 后固定，观察折裥的外观效果，必要时可以调整上、下点的折叠量及固定位置；折裥效果满意后，在其外侧中区与内裙临时固定，避免做第二裥时影响其效果。

4. 固定第二裥

如图 13-27 所示，第二裥上口处折叠大约 8cm 后临时固定，同样注意留出折转止口形成空间的纵向余量；沿标记线理顺折裥，下点大约折叠 4cm 后固定，观察折裥的外观效果，必要时也可以调整上、下点的折叠量及固定位置；确认折裥效果后，胸围不留松量，腰围留 2cm 松量，分别固定侧缝上、下点。

5. 完成衣身装饰

将腰口缝份打剪口，四周留 3cm 缝份后剪去余料；折净前中及上口，注意保留折裥上口的折转空间，感觉折转效果不满意时，可以微调折叠量或固定点，如图 13-28 所示。

临时固定

图 13-26　固定第一裥

图 13-27　固定第二裥

图 13-28　衣身装饰完成图

（三）裙身装饰

1. 固定裙身装饰

取裙身装饰片面料，平铺于左侧裙身，上口超出腰线大约 5cm，画辅助线比齐前中标记线，固定上点，如图 13-29 所示。

2. 固定侧缝

将面料沿前中线翻转至右侧，臀围留出大约 15cm 松量，侧缝余料向内折转，在腰部固定，与内裙间形成一定的空间，如图 13-30 所示。

3. 固定环形裥

在腰口中区相对折叠余量并固定，形成环形裥，如图 13-31 所示。

4. 完成装饰

腰口与上身搭别固定（下压上），底摆折进 4cm 折边后

图 13-29　固定裙片

固定，完成前身装饰，如图 13-32 所示。

 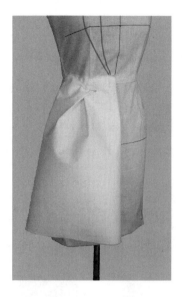 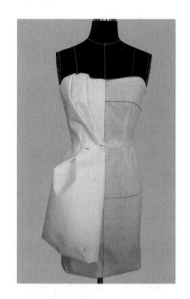

图 13-30　固定侧缝　　　　　图 13-31　固定环形裥　　　　　图 13-32　装饰完成图

（四）裁片

　　做好整个连衣裙所有的关键点标记后取下裙片，各结构线进行平面修正，得到内裙裁片（以右侧为准）如图 13-33 所示，前身装饰裁片如图 13-34 所示。确认后，拷贝纸样备用。

 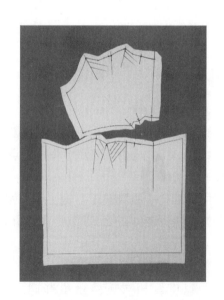

图 13-33　内裙裁片　　　　　　　　　　图 13-34　装饰裁片

（五）整体造型

取相应面料，对称裁剪左侧装饰并别合，加入 5cm 宽腰带（右侧缝开口），完成整体造型，如图 13-35 ~ 图 13-37 所示。注意前中拼合，左右不连接。

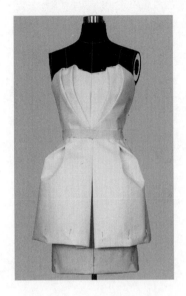 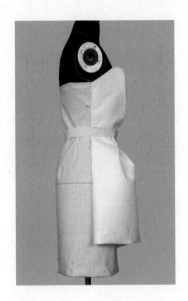 

图 13-35　完成图（正面）　　　图 13-36　完成图（侧面）　　　图 13-37　完成图（背面）

三、课堂练习

根据介绍的操作方法独立完成该款连衣裙的立体造型。

课后练习

参考本单元的操作方法，选择图 13-38 中任一款式，独立完成连衣裙立体造型设计。

图 13-38　款式图

面料的二次设计与应用

课程名称： 面料的二次设计与应用

课程内容： 1. 面料的缩聚设计与应用

2. 面料的附加设计与应用

3. 面料的破拆设计与应用

上课时数： 4课时

教学提示： 本单元主要介绍面料的二次设计，列举了一些常用的设计方法及装饰技巧，为后续的整体设计提供装饰基础。通过对面料的加工、塑型，改变其原有外观，使面料呈现多种多样、形态独特、富有装饰性的效果，从而增加服装的层次感、浮雕感、立体感，强化视觉效果，丰富服装细节。教学中可以通过示范典型的设计方法，引导学生自主体验其他方法，并进行拓展性的应用。

教学要求： 1. 掌握典型的局部装饰的操作方法。

2. 了解并掌握课堂讲授的面料的二次设计与应用的分类及方法。

3. 使学生对面料的二次设计有一个感性的认识和理性的理解，能够举一反三。

第十四单元　面料的二次设计与应用

【准备】

一、知识准备

面料是服装的基本要素，对面料进行二次设计，可以改变其平面的状态，形成丰富的具有立体感的外观。面料的二次设计是对现有的平面化面料进行再设计，运用加法或者减法，通过面积的缩聚、表面装饰物的附加以及局部的破拆，使面料呈现特有的立体化外观，立体裁剪中常用于局部造型的设计。基本的方法是有章可循的，但具体的设计需要具备一定的美学基础、手工艺基础、创新意识等。

二、材料准备

本单元的练习需用幅宽 160cm 的白坯布约 100cm，根据所练内容适量裁取；还需要准备手缝线、装饰用线绳适量。

三、工具准备

所需工具：熨斗、软尺、格尺、曲线尺、剪刀、大头针及针插、一般铅笔、彩色铅笔、手缝针等。

第一节　面料的缩聚设计与应用

面料的缩聚设计是对整块的面料进行收缩定型，使平面转化呈现起伏的立体效果，形成丰富的外观。

一、绣缀法

绣缀法是在面料上定点，通过手工缝缀，使对应点聚拢并固定的方法。成型后，表面形成单元式组合的褶纹，呈现凹凸、旋转、生动活泼的效果。其纹理立体感突出，有很强的视觉冲击力。绣缀法所使用的面料要求可塑性好，具有适当的厚度与光泽度，如丝绒、天鹅绒、涤纶长丝织物等。绣缀方法不同，成型后的表面纹理不同，有规则的，也有随机的。

（一）操作过程

1. 备料

准备一块边长为 20cm 的正方形样布，在布的反面以一定间距画好点影，间距的大小决定一个单元花型的大小，练习时可以取 2cm；有些花型需要斜向网格，有些需要正方格，如图 14-1 所示。

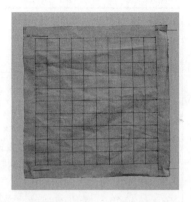

图 14-1　画点影图

2. 缝制

缝制时每个单元取点的个数、顺序不同，完成的表面效果不同。下面介绍几种常用花型的绣缀方法，见表 14-1。

表 14-1　常用的绣缀方法

花型	操作方法说明	缝制图示	成品效果
随机纹	布面随机取点，将面料进行随机挑缝、抽缩、固定，形成不规则的面料肌理效果		
方格纹	①挑缝：由反面入针，在正面 2—3 挑缝 0.2 ~ 0.3cm，4—5、6—7、8—9 均依次等量挑缝，9 与 1 重合；②抽紧：四个角都挑缝后抽紧，再回针一次，然后针穿入反面打结，完成一个单元；③完成：接着针从 10 穿出，线顺势拉过来，不收紧。14 ~ 18 重复上一单元，完成一列；④再按从右至左的顺序逐列缝制完成。两面分别整理成两种不同的效果		

花型	操作方法说明	缝制图示	成品效果
孔雀纹	①按右图 1—2—3—4—5—6—7 的顺序挑缝，每针的针距为 0.2～0.3cm；缝完之后抽紧，再回针一次，完成一个单元；②从 7—8 之间将线顺势拉过来，不收紧，8～14 重复进行下一个单元；③纵向完成一列后再起一列，从右至左依次完成	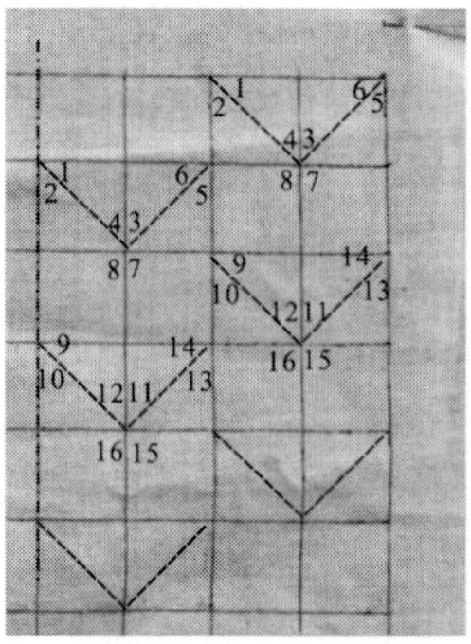	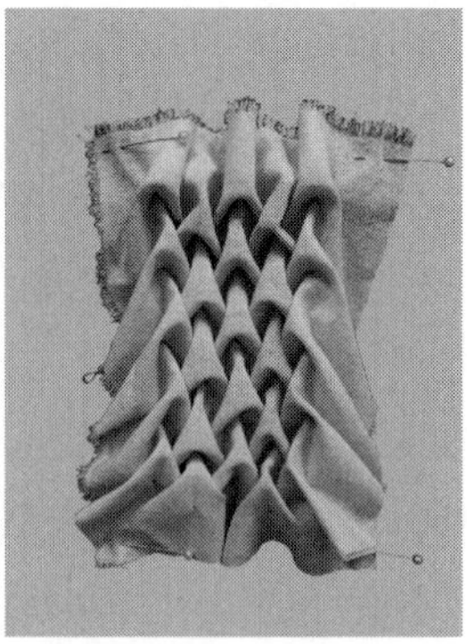
枕头纹	①按右图 1—2—3—4 顺序挑缝，每针的针距为 0.2～0.3cm；缝完之后抽紧，再回针一次，完成一个单元；②从 4—5 之间将线顺势拉过来，不收紧，5—6—7—8 重复进行下一个单元；③纵向完成一列后再起一列，从右至左依次完成	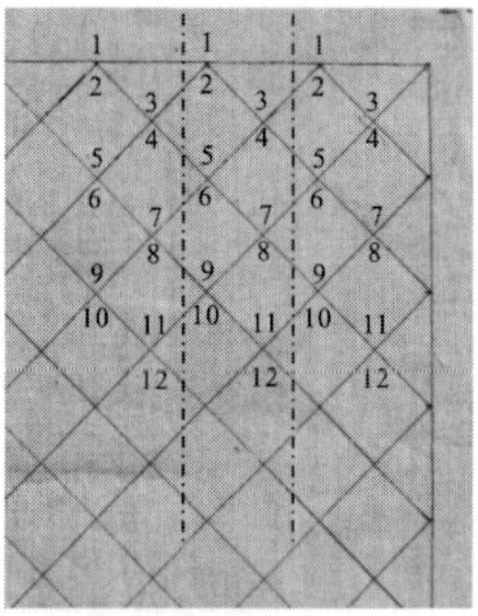	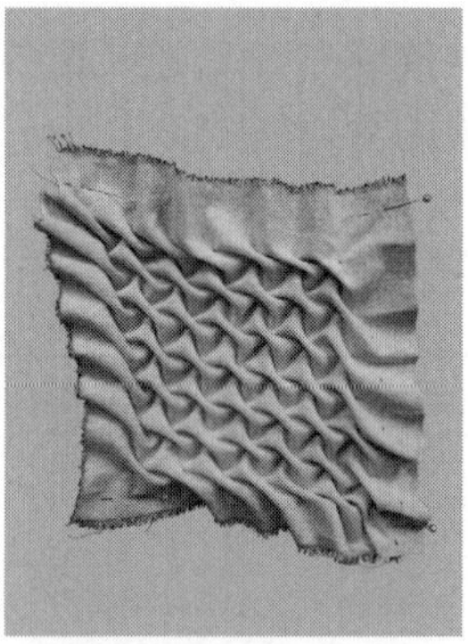
人字纹	①按右图 1—2—3—4 顺序挑缝，每针的针距为 0.2～0.3cm；缝完之后抽紧，再回针一次，完成一个单元；②从 4—5 之间将线顺势拉过来，不收紧，5—6—7—8 重复进行下一个单元；③纵向完成一列后再起一列，从右至左依次完成		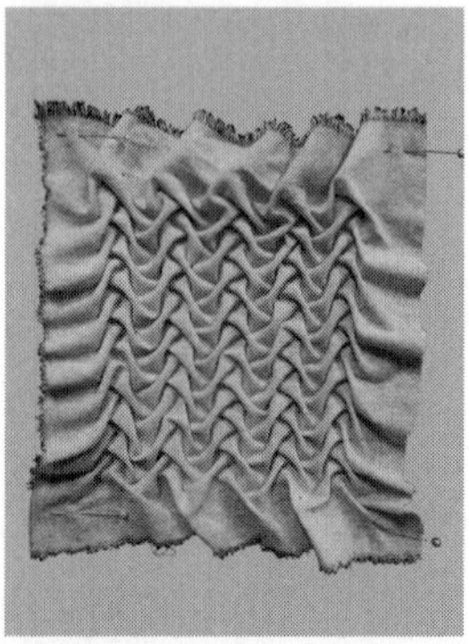
水波纹	①按右图 1—2—3—4 的顺序挑缝，每针的针距为 0.2～0.3cm；缝完之后抽紧，再回针一次，完成一个单元；②从 4—5 之间将线顺势拉过来，不收紧，5—6—7—8 重复进行下一个单元；③纵向完成一列后再起一列，从右至左依次完成	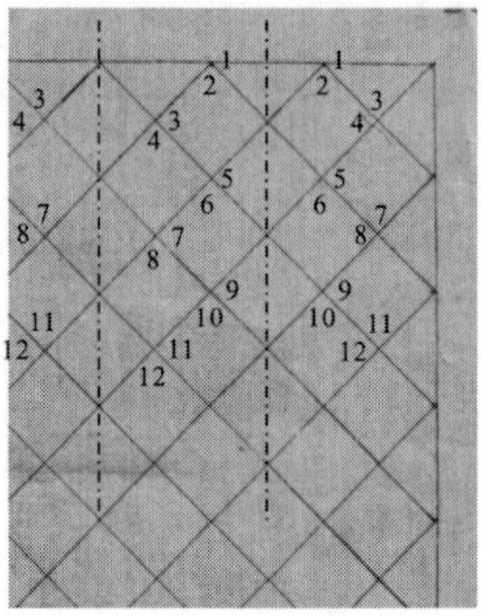	

（二）应用实例

（1）如图 14-2 所示，该作品以随机褶的形态为基本特征，绣缀设计与多层波浪造型相结合，体现了统一中有变化，变化中有对比的形式美法则，突出了款式的层次感。

（2）如图 14-3 所示，该作品的裙身上段通过绣缀方格纹形成规则的花瓣装饰纹样，下段不绣缀的部分自然形成褶纹。整个服装将褶饰、缝饰、镂空有机结合在一起，呈现疏密、曲直、繁简的装饰效果。

（3）如图 14-4 所示，该作品在胸部作孔雀纹绣缀设计，缩缝单元 5cm。凹凸感强烈的装饰纹样，作为整体造型的视觉中心。

（4）如图 14-5 所示，该作品在上身部分整体进行人字纹绣缀工艺设计，缩缝单元 4cm。腰部以下的面料不缝，使其形成自然的褶纹。

图 14-2　随机纹的应用

图 14-3　方格纹的应用

图 14-4　孔雀纹的应用

（5）如图 14-6 所示，本款上衣的右前片进行枕头纹绣缀工艺设计，缩缝单元 3cm；左前片不缝，使其形成自然的平行褶纹。

（6）如图 14-7 所示，该作品的裙身部位进行水波纹绣缀工艺设计，缩缩单元约为 12cm。缝缩部位的上端留出 15cm 宽的面料与上衣自然衔接。

图 14-5　人字纹的应用　　　　　图 14-6　枕头纹的应用　　　　　图 14-7　水波纹的应用

二、扳网法

如图 14-8 所示，将面料纵向等宽度平行折叠后，在折痕表面缝线固定，称为扳网。其表面线迹的松度可以调节，所以成型后的面料在横向具有较强的伸缩性，可以直接塑型，能满足不同围度的需要。同时表面线迹可以规律地呈现花纹，具有装饰性。用装饰线在裥的表面折边上缝出不同组合的线迹，形成图案，装饰于服装表面，如图 14-9 所示。

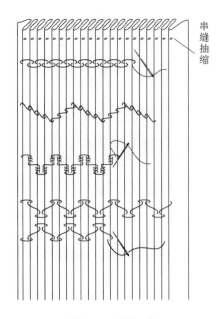

图 14-8　扳网工艺　　　　　　　　　图 14-9　扳网的应用

三、折叠法

折叠法是将面料在一定位置，沿一定方向折叠并固定，成型后，表面形成线条状的纹路，折叠后的面料在人台上塑型，如图 14-10 所示。还可以将面料在人台表面直接折叠，根据造型需要确定每一次折叠量的大小、褶纹走向，以及褶纹的数量。为了褶纹定型，需要先在设计区域打底，褶纹在需要的位置与底布固定，不可以直接垂直用针，将褶纹钉在人台上，如图 14-11 所示。

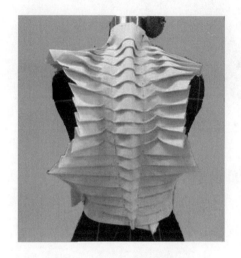

图 14-10　平行折叠的应用

图 14-11　折叠塑型

四、挤压法

挤压法是将面料收缩后，通过挤压的方式定型，使面料表面出现褶痕。如图 14-12 所示，可以用熨斗单方向推捏挤压形成细碎褶，也可以随机揉皱后压烫形成不规则褶痕。如图 14-13 所示为规则褶痕，根据展开图，先将面料平行折叠，然后进行横向反复折叠，拉开后形成立体感极强的造型，伸缩性较大。现在可以通过压褶机将面料压出各种褶痕，根据服装部位的不同，设计不同的挤压图案，如图 14-14 所示。

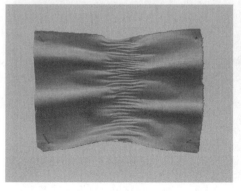

图 14-12　随机性挤压效果

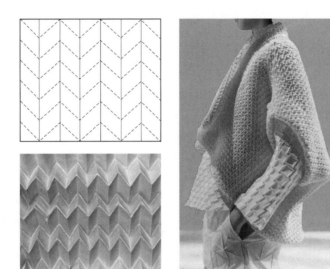

图 14-13　规律性挤压　　　　　图 14-14　规律性挤压的应用

第二节　面料的附加设计与应用

面料的附加设计是在整块的面料表面另外附加装饰物体，形成丰富的外观。

一、平贴法

平贴法是将附加材料与面料贴合固定，附加材料的形状、色彩、质感等可以改变面料的外观，固定方式也会影响整体效果。

（一）绗缝

如图 14-15 所示，在两层面料之间加入棉花或蓬松棉等絮料，然后按照设计的图案缉线，线迹本身具有装饰性，表面形成凹凸不平的纹理也具有装饰性。

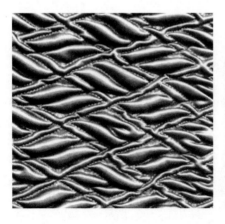

图 14-15　绗缝效果

（二）贴布绣

贴布绣是将一定形状的面料，平贴固定在底布上，形成装饰图案的效果，同时也具有层次感，如图 14-16 所示。

（三）盘绣

盘绣是将布条或者绳带固定在面料表面，盘卷、缠绕形成美观的纹样，具有雕塑感的立体造型，如图 14-17 所示。

图 14-16 贴布绣的应用　　　　　图 14-17 盘绣的应用

二、填充法

填充法是将具有一定空间感的装饰，用蓬松棉等絮料加以填充，形成饱满的立体效果，然后固定在面料上。附加材料的体积感、排列关系都可按照款式特点进行设计。如图 14-18 所示的衬衫表面的莲蓬装饰，采用了填充法，构成如浮雕般的立体效果，增添了趣味感。

三、堆积法

堆积法是将独立成型或者组合成型的装饰，堆叠固定在面料表面，具有强烈的立体效果。体积感、排列的疏密、材料特性不同，会产生不同的装饰效果。如图 14-19 所示的裙装，采用堆积法使其造型富有立体层次变化，高密度堆积的装饰褶，大小不一、形态有别，形成和谐的视觉效果。

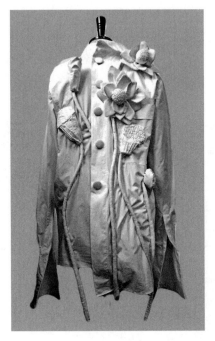

图 14-18　填充的应用

图 14-19　堆积的应用

四、层叠法

层叠法是将富有层次感的装饰，以一定的排列方式固定在面料表面，形成层叠的立体效果，如图 14-20 所示。

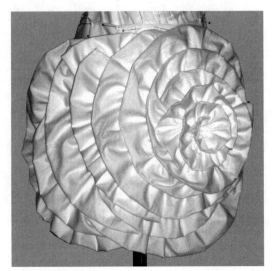

图 14-20　层叠的应用

第三节　面料的破拆设计与应用

面料的破拆设计是将整块的面料进行局部剪切，进而穿插加入装饰，或者拆除纱线，形成丰富的外观。

一、剪切法

剪切法是将面料直接进行局部剪切，切口的分布、形状、脱散状态等可以改变面料的外观，产生不同程度的立体感，如图 14-21 所示。

二、编织法

编织法是将面料剪切成条状或扭曲缠绕成绳状，通过编织手法组成各种疏密、宽窄、凹凸等具有雕塑感的立体造型。编织设计能够创造特殊的形式、质感，突出肌理美感、层次感。编织根据设计的需要裁剪宽窄适度、均匀的编织条或直接运用现有材料，如图 14-22 所示。

三、抽纱法

顺一条纱线方向剪切面料时，与剪切方向垂直的纱线会被剪断。抽纱法就是将剪断的纱线抽掉，形成帘状半镂空效果，进而可以分组系扎，或者加入绳带穿插编织，形成不同的立体效果，如图 14-23 所示。

图 14-21　剪切的应用　　　　　　　　　　　图 14-22　编织的应用

图 14-23　抽纱的效果

四、镂空法

镂空法是将面料局部剪切、去掉，形成缺口，缺口的形状、大小、排列分布，可以按照图案纹样的整体效果进行设计，如图 14-24 所示。

五、拼布法

拼布法是将剪切过的面料拼接而成大面积面料的方法。小块面料可以随意地缝在一起，也可以按几何形状有秩序地拼接在一起，如图 14-25 所示。拼接片的大小、形状、色彩、材质、拼接方式、组合工艺等的变化，使得拼接效果千变万化。

图 14-24　镂空的应用　　　　　图 14-25　拼布的应用

课后练习

选择本章任一种面料造型设计方法，将上一单元完成的连衣裙（或者自备连衣裙）进行改造性设计。

花瓣礼服裙立体裁剪

课程名称： 花瓣礼服裙立体裁剪

课程内容： 花瓣礼服裙立体裁剪

上课时数： 4课时

教学提示： 简单造型类礼服的基调是礼服，再辅以少量的装饰技法，形成简洁、流畅的礼服类作品。在完成简单造型类礼服的立体操作时，首先要对款式进行分析，分析内容包括整体服装造型，衣身内部结构线条及松量控制，思考装饰技法的完成方案，必要时要通过实验确定造型方案。

教学要求： 1. 使学生掌握荷花裙的立体操作方法。

2. 使学生掌握颈部吊带的实现方法。

3. 提高对立体形态的分析能力，并培养学生独立操作的能力。

第十五单元　花瓣礼服裙立体裁剪

【准备】

一、知识准备

　　简单造型类礼服，是在礼服基础上，再辅以少量的装饰技法，形成简洁、流畅的礼服类作品。其装饰技法有很多种，本单元采用的是立体叠加法，同类型的还有平面叠加、镂空、褶皱等方法，这些装饰技法的使用都是设计师的创意表达。简单造型类礼服在立体裁剪中是比较容易出效果的，有些时候可能不需要对结构有深入的了解，而是更需要好的创意，但是只有把创意，装饰技法的运用和服装形成统一的风格，才能成就一件好的设计作品。

二、材料准备

　　本款礼服裙需要幅宽160cm的平纹白坯布约140cm；衬料200cm；纱料幅宽160cm×长50cm；样板纸3张。如图15-1所示准备所需面料，将撕取的面料烫平、整方，分别画出经纬纱向线。

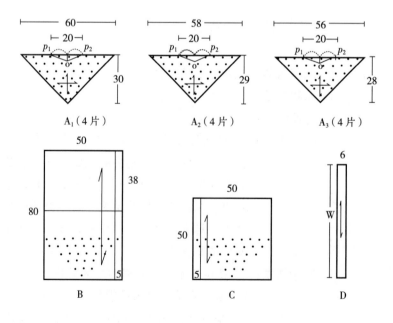

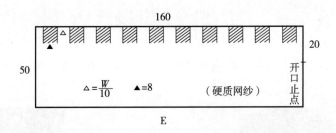

图 15-1　备料图

A₁、A₂、A₃—12 片花瓣用料　B—前衣片用料

C—后衣片用料　D—衬裙腰头用料　E—衬裙用料

注：有底纹的区域要黏衬，前、后衣片黏衬的大小与花瓣三角相同。

三、工具准备

所需工具

熨斗、软尺、方格尺、曲线尺、剪刀、大头针及针插、铅笔、彩色铅笔、描线器等。

花瓣礼服裙立体裁剪

一、款式说明

如图 15-2 所示，此款式分为上、下两部分，上衣部分为连身吊带结构，通过分割使得衣身合体，并在上衣底摆处采用与裙身相同的立体造型，使两者的搭配更和谐。裙身的立体造型呈花瓣状，交错层叠，给人优雅、高贵的外观享受。

图 15-2　款式图

二、操作步骤与要求

（一）裙子

1. 做衬裙

用透明的硬质纱网料做内层衬裙。

按照备料图所示，先将硬纱上口叠裥并固定，然后缝合两侧成筒状，注意上端留出 20cm 不缝（作为开口），最后取 D 面料装腰头，完成衬裙，裙身呈现 A 型轮廓。如图 15-3 所示。

2. 固定下层花瓣造型

取面料 A₁ 之一，重合固定 P_1、P_2 点，形成环形立裥（花瓣造型），置于前裙身下层位置，按照所需的立体角度固定上边缘的水平线，如图 15-4 所示。

3. 完成下层花瓣造型

采用相同方法固定下层的四片花瓣造型，也可将第一片花瓣做标记后取下复制得到其他三片花瓣的造型，如图 15-5 所示。

4. 整体造型

采用相同方法固定中层和上层的花瓣造型，注意每层四片，翻角位置错开，以增强层次感和立体感。注意后中最上层的一片应做开口设计，以方便穿着，如图15-6所示。

图15-3　做衬裙

图15-4　固定下层花瓣造型

图15-5　下层花瓣造型完成图

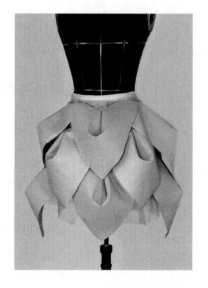

图15-6　裙子整体造型

（二）上衣

1. 贴标记带

在人台上贴附标记带，标示上衣的轮廓以及重要的结构线所在位置，如图15-7、图15-8所示。

图 15-7　贴标记带（正面）

图 15-8　贴标记带（侧面）

图 15-9　固定前中线

2. 固定前中线

按照黏衬区域粗裁前、后衣片，将粗裁好的前衣片面料在前中线及胸高点处固定好，如图 15-9 所示。

3. 掐出立裆

在胸高点处掐出约 20cm 的立裆量。裆中线由上至下取经纱向，在胸部及腰部理顺折边的造型后，在立裆的左右两侧固定，胸围线水平纱向保持不变，固定侧缝上点，腰部保留足够松量后固定腰部侧缝，如图 15-10 所示。

4. 修剪侧缝、肩缝

将胸围线以上的余量推至领口处，保证胸上部平服，固定肩点及颈肩点。修剪侧缝及肩缝，腰部以下的侧缝要保留足够的松量以保证侧缝的翘度，如图 15-11 所示。

5. 修剪部分领口

修剪部分前领口，将立裆倒向肩点处，前中铺平，如图 15-12 所示。

6. 修剪立裆

修剪立裆部分，从腰节线以上开始修剪立裆，剪至颈根处，要保证有足够的余量制作后领处吊带，如图 15-13 所示。

7. 修剪前中片吊带

将侧身布片翻开，按照标记带制作前身部分的颈部吊带，必要部位打剪口以保证平服，如图 15-14 所示。

图 15-10　掐出立裆

8. 修剪前侧片吊带

采用相同方法制作侧身处的吊带部分，并修剪出袖窿形状，如图 15-15 所示。

9. 对合接缝

将腰部以下立裆翻至内层，以保证前衣片底摆的立体造型。将腰部以上折别固定，颈部接口位于吊带宽度的中间位置，别合时注意保证衣片的颈部、肩部及后背的平服。由于吊带较细，打剪口或修剪时要谨慎，如图 15-16 所示。

10. 修剪、整理底摆

修剪衣片底摆形状，整理完成前衣片造型，如图 15-17 所示。

图 15-11　修剪

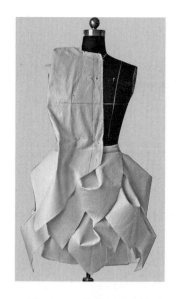

图 15-12　修剪部分领口

图 15-13　修剪立裆

图 15-14　修剪前中片吊带

图 15-15　修剪前侧片吊带

图 15-16　对合接缝

11. 完成后衣片

采用相同方法完成后衣片，立裥位于公主线处，后衣片腰部以下侧缝的翘度要保证，前、后衣片的腋下衔接要圆顺，如图 15-18 所示。

（三）整体造型

观察整体造型，如图 15-19 ～图 15-21 所示。

（四）裁片

款式确认合适后，做好标记，取下衣片，进行平面修正，得到裁片如图 15-22 所示。确

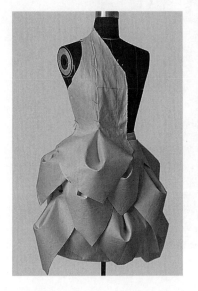 

图 15-17　修剪、整理底摆　　　　图 15-18　后片完成图

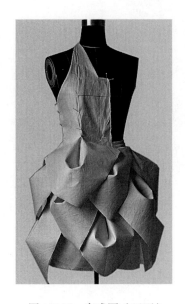 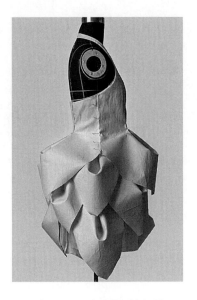 

图 15-19　完成图（正面）　　　图 15-20　完成图（侧面）　　　图 15-21　完成图（背面）

认后，拷贝纸样备用。

三、课堂练习

根据介绍的操作方法独立完成此款小礼服裙的立体造型。

课后练习

图 15-23 所示的礼服裙上也带有立体装饰，进行款式分析后参考本单元的操作方法，独立完成任一款式的主体造型设计。

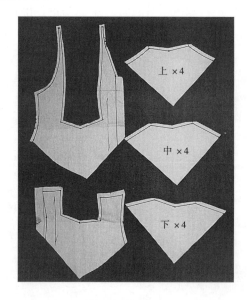

图 15-22　裁片

图 15-23　款式图

立裆造型礼服裙立体裁剪

课程名称： 立裆造型礼服裙立体裁剪

课程内容： 立裆造型礼服裙立体裁剪

上课时数： 4课时

教学提示： 阐述礼服裙的风格及造型特点，分析利用面料的特性，展现服装式样的美感。为体现人体的曲线美，强调在操作过程中，调整松量的适当尺寸。培养学生对服装线条的敏锐度以及运用多样化艺术表现手法和多元化时装流行要素设计晚礼服。

教学要求： 1. 要求学生掌握礼服裙的基本造型和形式美法则在礼服裙造型上的运用。

2. 要求学生掌握实现廓型"开"与"合"的结构处理方法。

3. 要求学生熟练艺术表现手法及立体裁剪的相关知识和技巧，并学会举一反三，灵活应用。

第十六单元　立裥造型礼服裙立体裁剪

[准备]

一、知识准备

礼服裙作为社交用服，具有豪华精美、标新立异的特点，并带有很强的炫示性。因此，礼服裙十分注重传统与流行的完美结合，着重于服饰风格的表露。礼服裙的设计时而讲究主题，时而讲究形式，或端庄秀丽，或热情性感，造型、色彩和面料的选用都引人注目，争奇斗艳。

本单元主要学习通过叠裥的方法将省巧妙隐藏来完成礼服裙造型。请提前复习相关内容。

二、材料准备

本单元需用幅宽为 160cm 的白坯布约 220cm，打板纸六张，标记带少量。

如图 16-1 所示准备各片面料，将撕取的面料烫平、整方，分别画出经纬纱向线。

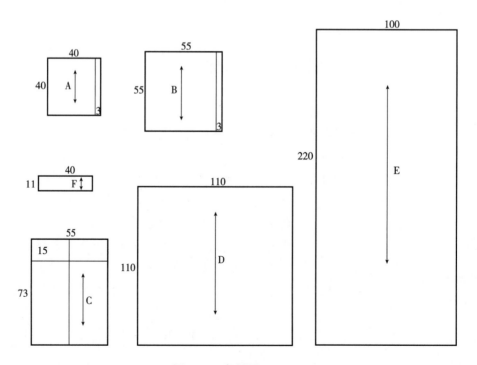

图 16-1　备料图

A—衣身右前用料　B—衣身左前片用料　C—衣身后片用料

D—左裙片用料　E—右裙片用料　F—肩带用料

三、工具准备

所需工具：熨斗、软尺、格尺、曲线尺、剪刀、大头针及针插、铅笔、彩色铅笔、描线器等。

立裥造型礼服裙立体裁剪

一、款式说明

如图 16-2 所示，此款礼服裙的领型前后呼应，呈 V 形。前衣身的右胸下为细褶裥，胸省巧妙地消化其中；前衣身左片收省以适合人体，左右前片非对称连接，在统一中产生变化。裙身的右侧运用折叠法形成立裥的造型，每一个裥的造型有所不一，下摆自然垂落，与左侧横裥的平整、规律形成视觉上的鲜明对比。裙摆根据设计效果自然分开，且底边线的长短、形态不一。左肩肩带以皮革材质连接作为装饰，裙身的左侧缝处将多余面料构成布花造型，形成生动的装饰。

二、操作步骤与要求

（一）贴标记带

分析款式图，在人台上标明前后衣片轮廓线及左裙片横向褶裥的位置，注意关键点的定位及线的走向，如图 16-3 ~ 图 16-5 所示。

（二）右前片衣身

1. 固定前中

取 A 面料，沿经纱线向内折进 3cm 贴边，与右侧领口线比齐，肩位留出 4cm 固定肩线，理顺止口固定前中点，如图 16-6 所示。

图 16-2　款式图

2. 固定侧缝

胸围掐出 2cm 松量，袖窿掐出 1cm 松量，固定侧缝上点；向下理顺侧缝，使腰部贴体，固定腰线处及下摆处，如图 16-7 所示。

3. 掐腰省

如图 16-8 所示，胸部余量全部集中在 BP 下临时固定，沿标记带别出衣片下摆弧线，留 4cm 修剪下口，注意掐出的省口部位不能倒向任何一侧，需要提前单独修剪。留 2cm 修剪肩线、袖窿与侧缝，注意侧缝为斜纱，修剪时避免用力拉伸。

4. 完成前右片

将胸部余量在胸下偏中心区域分为 5 份，单针垂直插入临时固定，各份余量由中间向两边依次递减；调整裥位，使间距均匀，折边线走向符合设计要求；分别将各部分余量倒向前中方向横别固定，留 2cm 进一步修剪下口，完成右前片，如图 16-9 所示。

（三）左前片衣身

1. 固定

取 B 面料，经向线与左领口上部平行，前肩带位高出 3cm，领口下点处留足 3cm 贴边，

图 16-3 贴标记带（正面）

图 16-4 贴标记带（侧面）

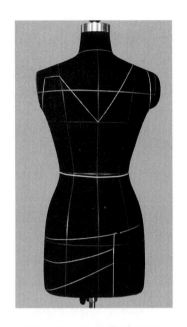

图 16-5 贴标记带（背面）

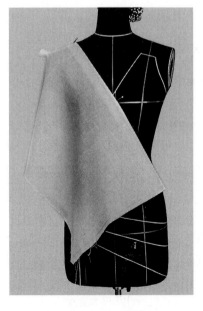

图 16-6 固定前中

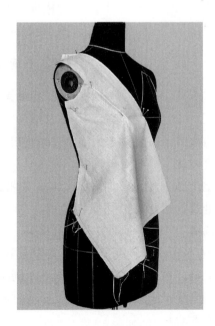

图 16-7 固定侧缝

图 16-8　掐腰省

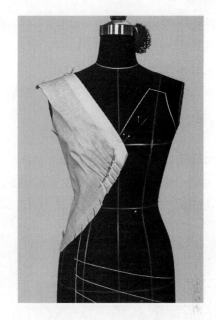

图 16-9　前右片完成图

留出袖窿与胸围松量，与右片相同的方法固定衣片；将胸部余量集中于左公主线处留作省量，如图 16-10 所示。

2. 修剪

掐别腰省，保留腰围松量 2cm；留 2cm 修剪侧缝、袖窿、肩位，留 3cm 修剪领口，如图 16-11 所示。

3. 做腰省

如图 16-12、图 16-13 所示，将省缝沿省中线剪开至距省尖 5cm 处，距离掐别针 2cm 修

图 16-10　固定

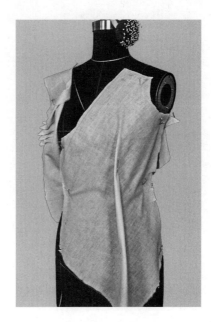

图 16-11　修剪

剪腰省；向前中方向折进省量，折别固定，注意收腰省时不宜用力拉紧，以免影响侧缝或者使腰部松量不足。

4.完成前衣片

折进领口贴边，并与右前片别合，完成前片造型，如图 16-14 所示。

（四）后衣片

1.纵向固定

取 C 面料，画好的经纬纱向线分别与后中线、肩胛线比齐，固定后中上点；沿后中线向下捋顺，使腰部贴体，固定腰线位及下点，如图 16-15 所示。

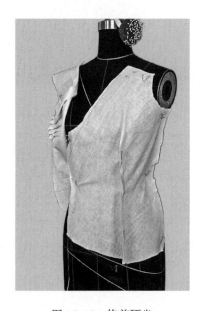

图 16-12　修剪腰省

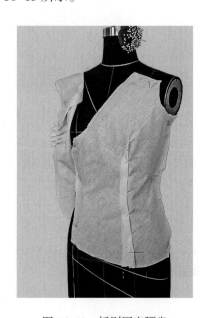

图 16-13　折别固定腰省

图 16-14　前衣片完成图

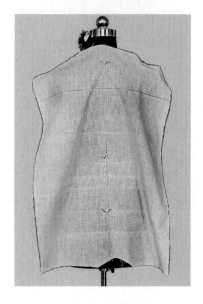

图 16-15　纵向固定

图 16-16　横向固定

2. 横向固定

如图 16-16 所示，沿肩胛线左右各留出 1cm 松量（因后领口较深，背宽活动量不需要多），固定背宽点；保证背宽线的经纱方向，捋顺并使腰部贴体，固定下点；与背宽线间平行留出 0.5cm 松量，固定侧缝上、下点，注意腰部打剪口后侧缝才能贴体。

3. 做腰省

由上口沿后中线剪开约 5cm，粗裁领窝，使肩部贴合，在领口标记处固定肩线；公主线位对称掐别腰省，注意保留腰围松量（左右各 1.5cm），省缝腰位上下打小剪口，如图 16-17、图 16-18 所示。

4. 完成后片

沿公主线向后中方向折进省量别合；继续沿后中线向下

图 16-17　掐别腰省

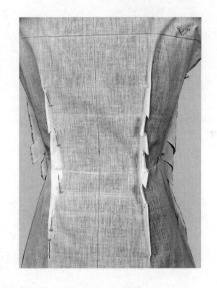

图 16-18　打剪口

剪开至后领窝下点以上 1cm 处，留 3cm 修剪后领窝，留 2cm 修剪肩线、袖窿及下摆。在后领口中点尖角处打直剪口，剪至距净线 0.3cm 处，折进领窝贴边，完成后衣片，如图 16-19 所示。

5. 完成衣身

前压后折别肩缝与侧缝，注意等长关系，保证平服。沿袖窿打剪口，间距 2-3cm，剪至距标记线 0.3cm 处，折进袖窿，完成衣片造型，如图 16-20 所示。

（五）肩带

1. 做肩带

取 F 面料，沿画线位置手针串缝；沿线迹将两侧向内折回，再沿中线手针串缝，各条缝线分别抽缩后打活结，完成肩带，如图 16-21 ~ 图 16-23 所示。

2. 固定肩带

如图 16-24 ~ 图 16-26 所示，根据款式图修正左边前后肩部轮廓造型，并将抽好的肩带与前后片别合，调整缝线，使肩带与肩部贴合。

（六）右裙片

1. 确定立裥位置

沿前分割线确定立裥位置，如图 16-27 所示，右衣片下摆与左衣片门襟交点处为起点（0），左衣片下摆处为第四立裥位置（4）；上述两点间四等分，各等分点分别为第一、第二、

图 16-19　后衣片完成图　　　　　　　　图 16-20　衣身完成图

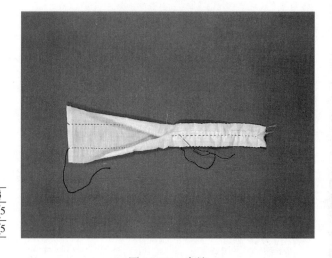

图 16-21　示意图　　　　　　　　　　图 16-22　串缝

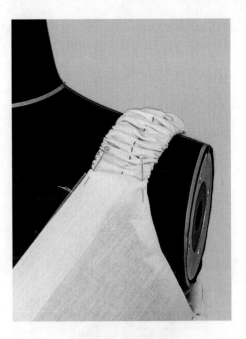

图 16-23 完成肩带 　　　　　　　　　　图 16-24 固定肩带

图 16-25 正视图 　　　　　　　　　　图 16-26 背视图

第三立裥位置（1、2、3）；左裙片横裥处分别为第五、第六裥位置（5、6）。

2. 做记号

量取各立裥间距，取 E 面料，如图 16-28 所示沿长度方向做记号。

3. 固定

将 E 面料上口与裙片前后分割线之间右侧的衣片搭别，如图 16-29 所示。

4. 固定立裆

将裙片记号与人台裆位标记逐点单针斜插固定，注意固定点要比分割线偏左 1cm（留出别合缝份），如图 16-30 所示。

图 16-27　做记号

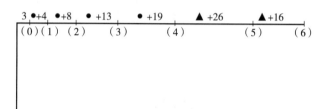

图 16-28　示意图

●—人台记号点（0）~（4）依次各点的间距
▲—人台记号点（4）~（6）依次各点的间距

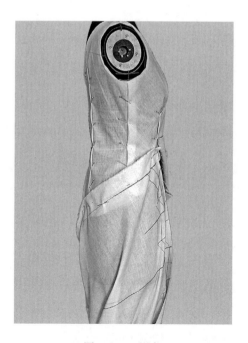

图 16-29　固定

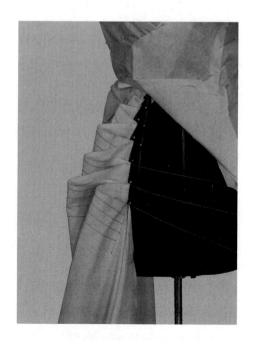

图 16-30　固定立裆

5.完成立裥

斜向下逐个理顺各条折叠线，甩向后侧；集中固定于后侧人台底部位置，下摆自然呈现长短不一的效果，如图 16–31 所示。

6.固定衣片

将左衣片翻下，折进门襟处的缝份，并与右衣片、右裙片立裥部分折别固定，如图 16–32 所示。

图 16–31　立裥完成图　　　　　　　　图 16–32　固定衣片

（七）左裙片

1.固定

如图 16–33、图 16–34 所示，侧缝线上用正斜丝。将 D 正方形面料一角折出等腰三角形，两端分别在前后分割线处与衣片下摆搭别。

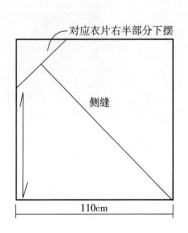

对应衣片右半部分下摆

侧缝

110cm

图 16–33　示意图

图 16–34　搭别

图 16-35　别合

2. 别合

调整左侧缝高度，使裙片上口与上衣下摆对应位置处等长（上衣下摆无褶皱为准），搭别固定侧缝位；等间距别合其他位置；修剪分割线以上余料，如图 16-35 所示。

3. 叠裥

前分割线上在第一裥位向上提 6cm 横裥临时固定（为了理顺折边线可能需要调整），侧缝处向上叠进 8cm，注意折线方向与标记带相符，手指伸入折缝理顺折线后，在侧缝位固定；同样的方法与要求，在后身与前折叠等量的裥，在侧缝处形成较大的余量（临时固定于人台侧部）。

4. 完成造型

同样的方法与要求，沿标记带上提前后第二横裥，侧缝处集中更多的余量，整理抽缩固定成花朵状，如图 16-36 ~ 图 16-38 所示。

图 16-36　装饰花完成图

图 16-37　正视图

5. 别合侧缝

根据款式图，前身粗略修剪左裙片余料，后身粗略修剪右裙片余料，别合左右裙片前后接缝，造型满意后再仔细修剪缝份；整理下摆，完成裙装造型，如图 16-39 所示。

图 16-38　背视图

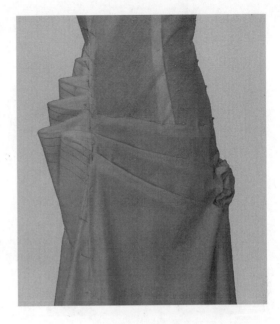

图 16-39　别合接缝

（八）整体造型

立裆礼服裙整体造型如图 16-40 ~ 图 16-43 所示。

（九）裁片的修正

将各部分裁片取下，分别修正轮廓线。再将裁片按修正后的轮廓线别合成型，穿于人台上，观察造型是否均衡美观，不当之处进行调整。

图 16-40　完成图（正面）

图 16-41　完成图（左侧）

图 16-42　完成图（右侧）　　　　　　　图 16-43　完成图（背面）

（十）裁片

部分裁片展开如图 16-44 所示，全部样片拷贝纸样备用。

三、课堂练习

根据介绍的操作方法独立完成该款式的立体造型。

课后练习

参考本单元的操作方法，选择图 16-45、图 16-46 中任一款式，独立完成立体造型设计。

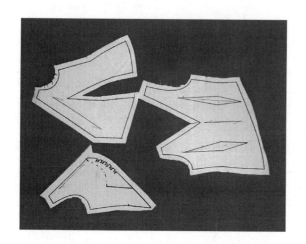
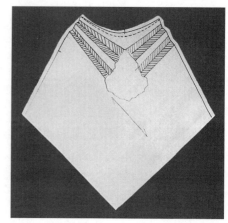

图 16-44　裁片

图 16-45 所示，礼服裙的造型风格粗犷中带有一丝细腻，个性中带有一丝优雅。整体造型的设计突出了自我性格的张扬。衣身内外为非对称的合体造型，采用立体裁剪中的衣身构成方法，将面料的起始部分折净并作成前胸部的贴边；在胸部和腰部保证一定松量的基础上将多余的量别去。在呈三角形衣摆处作了斜向分割和兜盖设计作为装饰。裙身采用抽缩方法以不规则形式形成自然皱褶。

图 16-46 所示，造型采用抽缩法完成的富有浪漫色彩的礼服裙，上半身的皱褶与下半身的纵向布浪相配合，使整体造型简洁而不乏味。制作时先在前中线处用抽缩法使领口至臀围线之间的面料抽缩起来，注意要使臀部以下形成三个垂直方向的长至地面的波浪。然后按腋下、腰部、臀部的顺序将左右两侧的面料固定在人体模型上，整理好前部造型后将面料拉至后部作成美观的布花造型或其他造型。

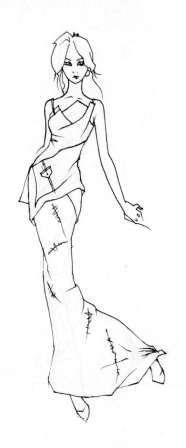

图 16-45 款式图　　　　　　　　图 16-46 款式图

环肩公主裙立体裁剪

课程名称： 环肩公主裙立体裁剪

课程内容： 环肩公主裙立体裁剪

上课时数： 4课时

教学提示： 本单元学习夸张型礼服的造型方法，把握服装的整体风格和美感的视觉表达，注重整体与局部的结构比例关系，衡量出夸张变形所需的分量，获得均衡的美感；逐项讲解各部分的造型方法与要求，并在裁剪过程中，能举一反三，运用其基本原理产生更多的创意。

教学要求： 1. 要求学生能够独立分析款式的构成方法，并可以拓展立体裁剪的思路。

2. 要求学生将立体裁剪和立体构成的技法融为一体，从实际操作过程中培养对美的鉴赏能力。

3. 要求学生掌握各种褶纹所呈现的不同视觉效果以及制作方法。

第十七单元　环肩公主裙立体裁剪

[准备]

一、知识准备

日间礼服也称"午后正装"，主要是指午后 13:00 ~ 15:00 参加社交活动穿着的正式礼服，如参加宴会、婚礼、音乐会、出访等社交场合时穿着的现代礼服。款式设计讲究庄重感、正式感、时尚感，充分展示女性端庄、大方、高雅的气质和风度。在面料上可选用缎、塔夫绸等闪光织物，搭配钻石或金属饰品、有光泽的华丽小包、长至肘关节以上的手套等。本单元日间礼服采用别致中带有时尚气息的连衣裙，造型上主要掌握整体与局部的结构比例关系，学习波浪裙的设计、造型与制作。

二、材料准备

本单元需用 160cm 幅宽的白坯布约 220cm，打板纸十张左右，标记带适量。如图 17-1 所示，准备合适大小的白坯布，将撕好的面料烫平、整方，分别画出经纬纱向线。

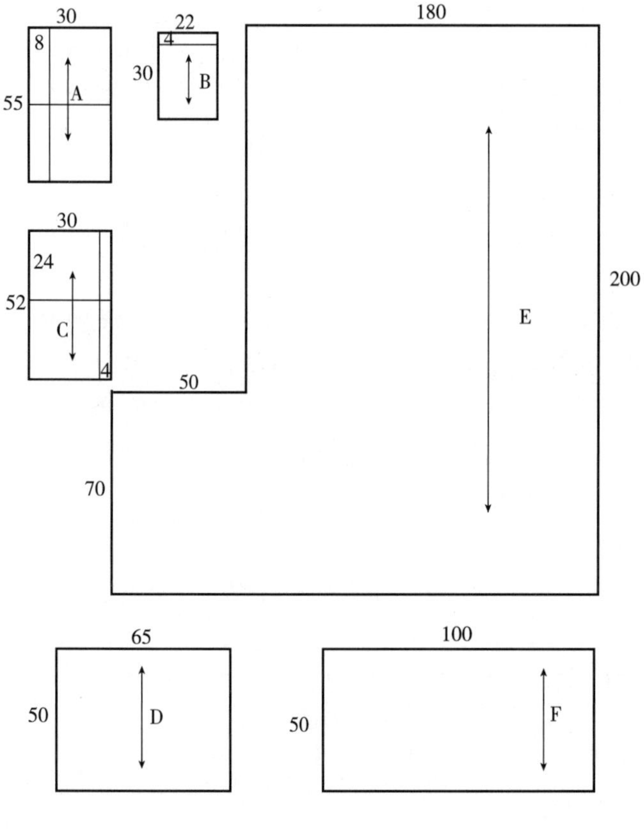

三、工具准备

所需工具：熨斗、软尺、格尺、曲线尺、剪刀、大头针及针插、铅笔、彩色铅笔、描线器等。

图 17-1　备料图

环肩公主裙立体裁剪

一、款式说明

如图 17-2 所示，此款礼服整体廓型夸张、有体量感、层次丰富，配以波浪褶裙，表现雕塑状的立体感。领部设计前后呼应，呈大 V 形，高耸落肩的形态更显女性颈部修长、美丽、端庄；双层环形装饰对称环绕腰部，向外张开，呈蝴蝶造型，与肩部遥相呼应；裙身运用折叠法、波浪法形成立体裥和波浪褶的造型，每一褶裥长短形态不一，自然下落，增加了礼服的装饰性与艺术表现形式。整体时尚而浪漫，生动又华美。

二、操作步骤与要求

（一）贴标记带

按照款式要求，在人台上贴附内裙上口的标记带，如图17-3所示。注意各关键点的定位及线条的走向。

（二）制作衣身前片

1. 固定前中心

取面料A，将画好的经纱辅助线对齐前中标记线，纬纱辅助线对齐胸围标记线，固定上点中部及两侧，捋顺前中线，固定前中腰部，如图17-4所示。

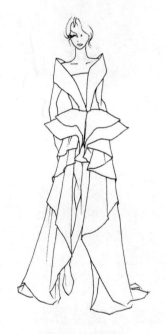

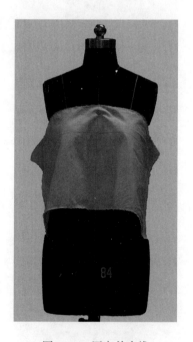

图 17-2　款式图　　　　　　图 17-3　贴标记带　　　　　　图 17-4　固定前中线

2. 固定侧缝

将腰部余量从中间向两侧推移，一边推移一边打剪口以保持腰部面料平服，腰围线上的松量为1.5cm，固定侧缝下点，如图17-5所示。胸围线及上口不留松量，从上而下将余量全部推至胸部，固定侧缝上点，如图17-6所示。

3. 别合胸省

在指定的位置将胸部余量全部掐进，然后沿省中线剪开，留出2cm缝份后修剪余料，折别胸省，如图17-7～图17-9所示。

4.完成衣身前片

采用相同的方法对称完成左侧造型，按照造型线的位置修剪四周，注意下口至少留出3cm缝份，以方便裙身梯次接合。折净上止口线，注意折别线条流畅圆顺（平面结果以右侧片为准），如图17–10所示。

图 17–5　固定侧缝下点

图 17–6　固定侧缝上点

图 17–7　掐别胸省

图 17–8　剪开省中线

图 17–9　折别胸省

图 17–10　衣身前片完成图

（三）制作衣身后片

1. 固定

取面料 B，将画好的经纱辅助线对齐后中标记线，固定后中上点、下点，上口不留松量，理顺后固定侧缝上点，如图 17-11 所示。腰部斜向打剪口，从中间向侧缝推平面料，腰部保留 1.5cm 松量，理顺面料，固定侧缝下点，如图 17-12 所示。

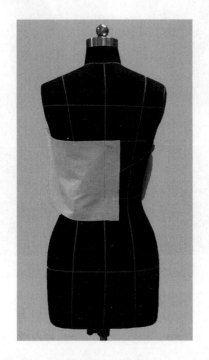

图 17-11　固定　　　　　　图 17-12　固定侧缝下点

2. 修剪

依照标记造型线剪去多余面料，后中留 4cm 缝份，下口与前片同样留 3cm 缝份，如图 17-13 所示。

3. 完成衣身后片

采用相同的方法对称完成右侧造型（平面结果以左侧片为准），折净后中贴边，纵向别针固定，如图 17-14 所示。

4. 别合侧缝

前压后折别侧缝，折净上止口线，注意侧缝位的圆顺连接，如图 17-15 所示。

（四）制作衬裙

1. 固定

取面料 C，经纬纱线分别与人台前中线与臀围线对合，固定前中上、下点，如图 17-16 所示。

2. 定腰省

保持纬纱线与臀围线一致，在臀围中区掐取 1cm 横向松量，固定臀围侧点，保持胸宽垂线为经纱方向，固定腰围侧点。将腰部余量分为两部分，两省之间保持经纱方向，腰口留出 1.5cm 松量，折别腰省，如图 17-17 ~ 图 17-19 所示。

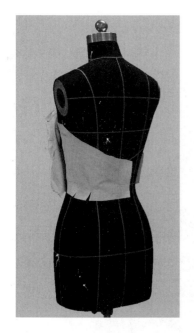

图 17-13　修剪

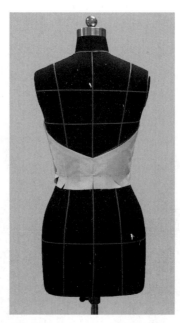

图 17-14　后片完成图

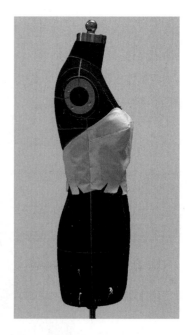

图 17-15　折别侧缝

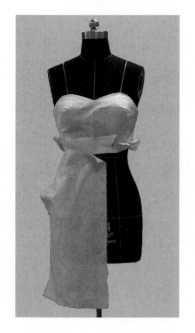

图 17-16　固定前中线

图 17-17　固定侧缝

图 17-18　确定省量

3. 完成衬裙前片

按照已做好的 1/4 前片样板拷贝，完成 1/2 前片，如图 17-20 所示。

图 17-19　别合腰省　　　　　　　　　图 17-20　前片完成图

4. 完成衬裙后片

与前片相同的方法完成后片，前片压后片折别侧缝，如图 17-21、图 17-22 所示。

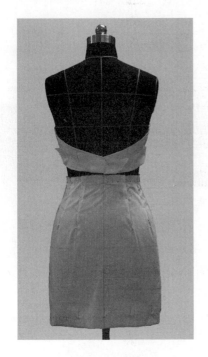

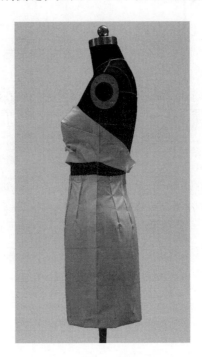

图 17-21　后片完成图　　　　　　　　　图 17-22　折别侧缝

5. 完成裙身

腰口与上身搭别固定（上压下），底边折进 4cm 折边后固定，完成内搭裙身造型，如图 17-23 ~ 图 17-25 所示。

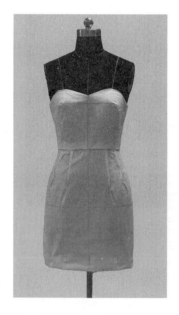

图 17-23　完成图（正面）　　　　图 17-24　完成图（侧面）　　　　图 17-25　完成图（背面）

（五）制作肩部装饰

1. 固定

为实现挺括平整的外观，先将面料 D 高温熨烫黏合衬 2 层，再将黏衬后的面料倾斜覆盖在肩部，根据造型设计调整上口外张的角度，注意落肩部位与手臂要保持空间距离，以便活动灵活。确定好位置后与衣身固定，如图 17-26 所示。

2. 贴标记带

按照设计效果在面料上用标记带贴出造型线的走向，如图 17-27、图 17-28 所示。

3. 修剪

沿标记线修剪轮廓，完成肩部右侧装饰片的立体效果，取下装饰片调整修正轮廓后备用，如图 17-29、图 17-30 所示。

4. 完成肩部左侧装饰片

拷贝右侧装饰裁片，再将裁片别合在人台上，观察整体造型是否均衡、优美，有问题及时进行调整，完成肩部整体造型，如图 17-31、图 17-32 所示。

（六）制作波浪裙

1. 固定

取面料 E，经向辅助线与后中线对齐，固定后中上、下点，如图 17-33 所示。

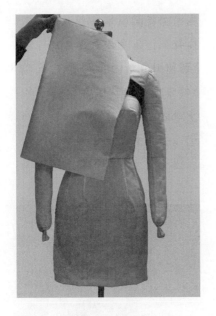 

图 17-26　固定　　　　　　　　　图 17-27　贴标记带（前）

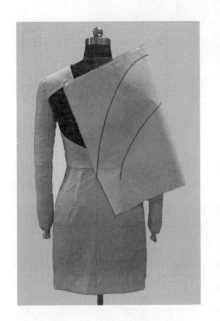  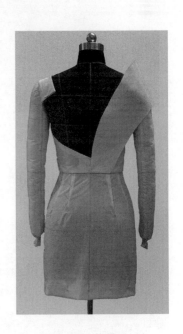

图 17-28　贴标记带（后）　　　　图 17-29　修剪（前）　　　　图 17-30　修剪（后）

2. 制作后片波浪裙

　　沿腰围线以上 3cm，水平剪开至后中线以内 6cm 处，打斜剪口至距腰围线 1cm，将腰口处面料下放，整理底摆，做出第一波浪，褶量的大小视款式图而定；腰部继续向侧上方剪进，间距 6cm 处再打斜剪口，下放腰口处面料，完成第二波浪，如图 17-34 所示。

3. 叠褶

　　将余量绕至前面，采用折叠的方法做出三个褶，注意褶的大小及排列，如图 17-35

所示。

4. 修剪

腰部留出 2cm 缝份后清剪余料。根据款式要求对最外层褶饰的长度贴附标记带，然后逐一对第二层、第三层装饰的长度及形态进行调整，确认满意后修剪余料，如图 17-36、图 17-37 所示。

5. 折别腰口

上压下折别固定腰口，如图 17-38 所示。

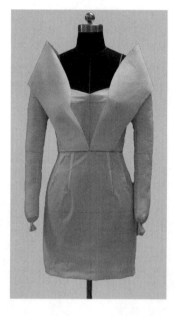 

图 17-31　肩部造型完成图（正面）　　　　图 17-32　肩部造型完成图（背面）

图 17-33　固定　　　　图 17-34　第一、第二波浪　　　　图 17-35　叠褶

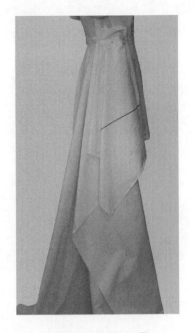

图 17-36　贴标记带　　　　　图 17-37　修剪底摆

6. 对称完成左侧波浪裙

　　做好右裙片所有的关键点，标记后取下裙片，各结构线进行平面修正，确认后，拷贝纸样完成左裙片造型，再将修正后的裙片穿于人台上观察整体造型，如图 17-39、图 17-40所示。

图 17-38　折别腰口　　　　图 17-39　完成图（正面）　　　　图 17-40　完成图（背面）

（七）制作裙身装饰片

裙身装饰造型分为两层，两层装饰片呈递进的造型，制作时应由内向外。

1. 制作最内层装饰片

（1）粗裁：取面料 F，裁成如图 17-41 所示的平面形状。阴影区域为向内折转的部分，圆弧区域留出 2cm 缝份，挖去内圆。

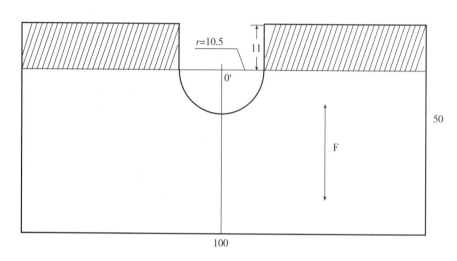

图 17-41　示意图

（2）固定：为了造型挺括平整，将备好的面料黏衬，中心点对齐侧缝，从中心点向两侧固定在裙身上，腰口及折转处折净，如图 17-42 ~ 图 17-44 所示。

图 17-42　固定（正面）　　　图 17-43　固定（侧面）　　　图 17-44　固定（背面）

（3）贴标记带：分析款式图，用标记带在面料上标记下口形状，如图 17-45 ~ 图 17-47 所示。

图 17-45 贴标记带（正面）　　　图 17-46 贴标带（侧面）　　　图 17-47 贴标记带（背面）

（4）修剪：按照标记线修剪下口，完成下层装饰片的立体效果。沿着别合的位置做好标记，注意前后侧关键点的定位，取下裁片，修正各部分结构线，如图 17-48 ~ 图 17-50 所示。

（5）完成右侧装饰片：按照修正后的左侧装饰片拷贝纸样完成右侧装饰片的平面结构，再将裁片别合于人台上，观察整体造型是否均衡、优美，如图 17-51、图 17-52 所示。

图 17-48 修剪（正面）　　　图 17-49 修剪（侧面）　　　图 17-50 修剪（背面）

图 17-51　下层装饰片完成图（正面）

图 17-52　下层装饰片完成图（背面）

2. 制作上层装饰片

按照下层装饰片的平面形状，缩减一定长度修剪上层装饰片用料，按照标记线位置固定在裙身上，如图 17-53、图 17-54 所示。

图 17-53　上层装饰片完成图（正面）

图 17-54　上层装饰片完成图（背面）

（八）整体造型

观察调整造型，整体造型完成，如图 17-55 ~ 图 17-57 所示。

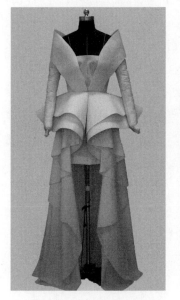  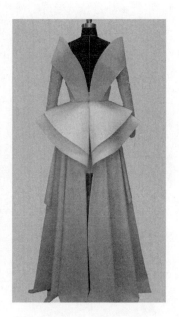

图 17-55　完成图（正面）　　　图 17-56　完成图（侧面）　　　图 17-57　完成图（背面）

（九）裁片修正

将裁片取下，分别修正各部位结构线。再将裁片按修正后的结构线别合，穿于人台上观察整体造型是否均衡、优美，有问题的部位及时进行调整。

（十）裁片

部分裁片展开如图 17-58 所示，全部样片拷贝纸样备用。

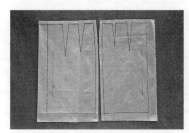  

图 17-58　裁片

三、课堂练习

根据介绍的操作方法独立完成该款式的立体造型。

课后练习

参考本单元的操作方法，选择图 17-59、图 17-60 中任一款式，独立完成立体造型设计。

图 17-59 所示礼服胸、腰、臀合体，裙裾呈鱼尾状，其设计重点是腰部装饰通过折叠的方式使每一个裥的造型有所不一，疏密有致、简繁得当，在对比中追求和谐，使礼服增添了灵性和装饰性。在操作过程中叠裥时注意关键点的定位及裥的走向。鱼尾造型的裙身采用不对称分割手法，突出款式的独特性。制作波浪裙摆时，褶量大小按照款式要求确定。

图 17-60 所示礼服以外观曲折起伏的波浪形作为造型的要点，外观上具有强烈的韵律感和节奏感。根据设计的意图，利用斜裁的面料形成环形裁片，通过内外径的差量形成丰富的波浪造型。内外径的差越大，波浪越丰富。为了满足丰富的波浪花卉造型还需把面料进行规则或不规则地折叠，通过多层面料叠加，使花卉形态产生自由的扩张或收缩效果。

图 17-59　款式图　　　　图 17-60　款式图

曳地式婚礼服立体裁剪

课程名称： 曳地式婚礼服立体裁剪

课程内容： 曳地式婚礼服立体裁剪

上课时数： 4课时

教学提示： 立体裁剪设计时除了要正确表达设计效果图外，还需从美学的角度来考虑，并加以调整变化，力求把一个作品做到尽善尽美。在分析整体设计时，要考虑到轻重感在服装整体上的比例关系。比如裙前身每部分向上提起量的多少；扇形胸饰叠褶量的多少。这些都影响着局部与整体之间的关系。要引导学生掌握各环节的操作方法。

教学要求： 1. 要求学生能够分析婚礼服的构成方法，并可以拓展立体裁剪的思路。

2. 要求学生在实际设计、制作中巧于构思，勇于拓展。

3. 要求学生将立体裁剪和立体构成的技法融为一体，制作出既富艺术情趣又富实用价值的服装造型。

第十八单元　曳地式婚礼服立体裁剪

【准备】

一、知识准备

婚礼服的设计离不开各种装饰手法的运用，无论整体还是局部，精心而别致的装饰点缀都是至关重要的，适度的装饰更可以烘托婚礼服的雅致秀美。

本单元通过运用叠花的装饰手法，增添了婚礼服的生动感与华丽感。叠花的具体制作方法见附录三。

二、材料准备

平纹白坯布，幅宽 290cm × 长 905cm；纱料长 100cm × 宽 200cm；样板纸 10 张左右；标记带适量；3 ～ 4cm 宽松紧带 60cm 长；钢条 200cm、280cm 各 1 根；塑料封套 2 个。

撕好面料烫平、整方，分别画出经、纬纱向线，具体要求如图 18-1 所示。

三、工具准备

所需工具

熨斗、软尺、方格尺、曲线尺、剪刀、大头针及针插、铅笔、彩色铅笔、描线器等。

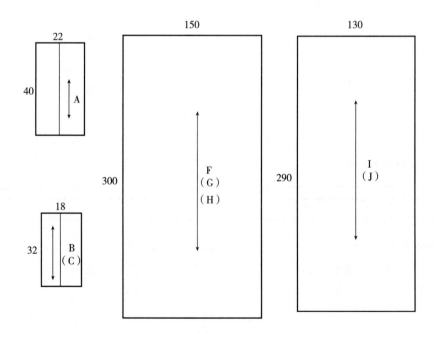

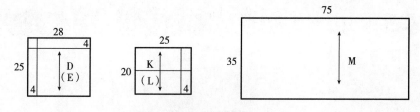

图 18-1　备料图

A—衣身前中片用料　B、C—衣身前左、右侧片用料

D、E—衣身后片用料　F、G—裙身最内层用料

H—裙身中间层用料　I、J—裙身最外层用料

K、L—胸饰造型衬里布用料　M—胸饰外形用料

曳地式婚礼服立体裁剪

一、款式说明

如图 18-2 所示，此款婚礼服为低胸内置裙撑长裙，在层次变化的外轮廓线中兼容疏密不同的皱褶宽窄变化。胸部采用弧线造型的裥装饰，折线精致而富有立体感。腰间纵向分割贴身合

图 18-2　款式图

体，后中穿带装饰，可调节胸围大小，前身与长裙的分割线对称呈尖角状，后身呈水平状，协调着整体比例。长长的裙摆拖到地面，整个裙子分为三层，长短、宽窄不一的造型，每层分别运用了皱褶疏密的变化，层次感较强。裙身装饰花的设计增添了奢华感。整件婚礼服将皱褶的疏密、线条的曲直、装饰的繁简协调地融合在一起。

二、操作步骤与要求

（一）贴标记带

分析款式图，在人台上标记造型线的适当位置，注意关键点的定位及线的走向，如图 18-3、图 18-4 所示。

（二）制作衣身前片

1. 固定前中片

将面料 A 中标示的经向辅助线与人台的前中线对齐，固定上点；沿前中线向下捋顺，使腰部贴合人台，固定下点；上口不留松量，固定分割线上点，如图 18-5 所示。

2. 修剪前中片

胸围线、腰围线上留出大约 0.5cm 松量，按照造型线的位置修剪前中片，注意下口至少留出 3cm 缝份，以方便三层裙片的分层梯次接合，如图 18-6 所示。

图 18-3　贴标记带（正面）　　　　图 18-4　贴标记带（背面）　　　　图 18-5　固定前中片

3. 固定前右侧片

在面料 B 上取中画经向辅助线，与人台胸宽线对齐，胸围线、腰围线及袖窿处分别留出 1cm 松量，固定上下四点。依照公主线与侧缝线修剪多余面料，在侧缝腰位及分割线处打剪口，如图 18-7 所示。

4. 完成前左侧片

采用相同方法对称完成衣身前左侧片（平面结果以右侧片为准），如图 18-8 所示。

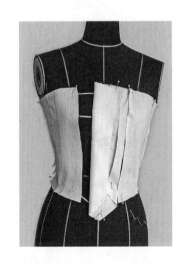

图 18-6　修剪前中片　　　　图 18-7　前右侧片完成图　　　　图 18-8　前左侧片完成图

5. 别合分割线

前中片两侧腰位打剪口后折净，与左、右侧片别合。操作时先别合上、中、下三点，确定对应部位在各区域内都等长后再等间距别合，如图 18-9 所示。

（三）制作衣身后片

1. 固定后右片

面料 D 上标出的经向辅助线上点与后中线比齐固定，由上而下捋顺使腰部贴体，在腰节线上经向辅助线比后中线偏出 0.7cm，固定下点；背宽间留出约 0.5cm 松量，保持背宽线为经纱向，与侧缝间留出少量松量，固定侧缝上、下点。上下止口线打剪口，需要剪至距标记线约 1cm 处，如图 18-10 所示。

2. 定腰省

后右片腰部留出 1cm 的松量，在公主线处掐出省量，腰位省缝打剪口；省份向后中折进，别合固定（也可以做分割处理）；对称完成后左片。依照标记造型线剪去多余面料，下口与前片同样留 3cm 缝份；折净后中贴边，纵向别针固定，如图 18-11 所示。

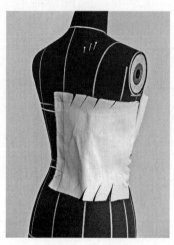
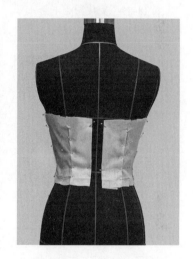

图 18-9　别合分割线　　　　图 18-10　固定并打剪口　　　　图 18-11　后身完成图

3. 别合侧缝

前压后折别侧缝，折净前、后片的上止口线，注意侧缝位的圆顺连接，如图 18-12 ～图 18-14 所示。

（四）裙撑制作

裙撑分为上、下两部分，其上、下接缝处及底边需穿入弹性好的钢条定型。制作方法如下：

1. 剪去小同心圆

在半圆纱料中间裁去一个半径为 30cm 的小同心圆。平面形状如图 18-15 所示。

2. 别合侧缝、底摆

上、下层分别缝合侧缝，距下口 3cm 处止缝；上、下层面料重叠 3cm 临时固定，正反面分别折进 0.5cm 毛边扣压缝，中间形成 2cm 宽的夹层；折边缝底摆。

3. 绱腰头

腰头部分用 3 ～ 4cm 宽松紧带连接，先将松紧带与裙撑腰口分别做四等分对位点，逐点

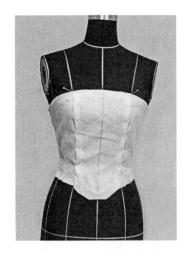
图 18-12 完成图（正面）

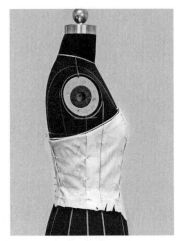
图 18-13 完成图（侧面）

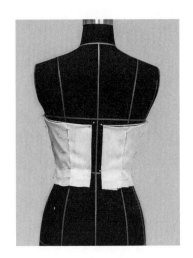
图 18-14 完成图（背面）

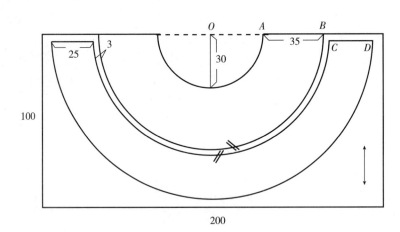
图 18-15 示意图

图 18-16 裙撑完成图

对应缝合。

4. 穿入钢条

分别从侧缝开口处穿入钢条，完成裙撑，如图 18-16 所示。

（五）制作波浪裙

波浪裙分为三个部分，制作时应该由里向外，步骤如下：

1. 制作最内层波浪裙

（1）将面料 F、G 拼接，裁成正圆，在正圆中间裁去半径为 20cm 的小圆，四等分后做记号。平面形状如图 18-17 所示。

（2）定位。在环形内口上大针脚平缝抽褶线后临时水平固定于人台上，四个记号分别与前后中线、左右侧缝对合，如图 18-18 所示。

（3）抽褶。将各区域余量抽缩、整理，使波浪分布均匀，如图 18-19 所示。

（4）确认造型。沿前身腰下分割标记线，手针串缝进行第二次抽褶，如图 18-20 所示。

（5）修正造型。搭别分割线，剪去多余面料，折净裙上口后与衣身折别固定（别合位置在分割标记线下约 2cm 处），如图 18-21 所示。

2. 制作中间层波浪裙

（1）以面料 H 的长边中心点为圆心，中间裁去一个半径为 30cm 的半圆，四等分做记号。根据款式图前短后长、

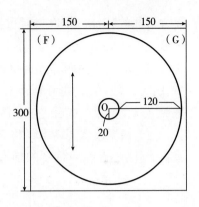

图 18-17　示意图

图 18-18　定位

图 18-19　抽褶

图 18-20　确认造型

图 18-21　修正造型

前方后圆的特征，在取料时可提前将裁片加以修正，得到阴影部分。平面形状如图 18-22 所示。

（2）将裁片的侧缝连接好，从左侧缝开始抽褶，然后将裙片内环与衣身对应记号别合（先别四个记号点，再细别，别合位置略高于最内层 1cm），外环自然呈波浪状；观察其整体是否协调、美观，然后进一步调整、修正，如图 18-23 所示。

（3）根据款式图特征，将裙片前中向上提起，折叠两次固定于分割线下约 30cm 处，修剪底摆造型，完成中间层的制作，如图 18-24 所示。

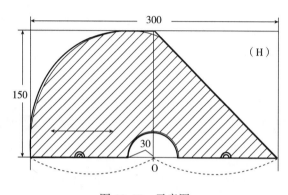

图 18-22　示意图

图 18-23　调整

图 18-24　整理造型

3. 制作最外层波浪裙

（1）将面料 I、J 拼接，分析款式图造型，将其裁成如图 18-25 所示的平面形状。内环为半径 26cm 的 270° 圆。

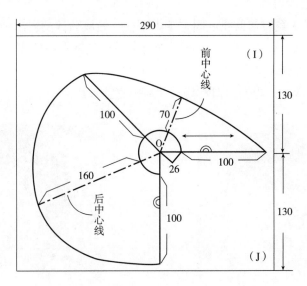

图 18-25　示意图

（2）采用同前方法与衣身别合（别合位置在分割标记线上），将裙片前中向上提起，折叠后固定于中间层的立裥之上，修剪底摆，与中间层造型谐调，如图 18-26、图 18-27 所示。

（六）制作前身胸饰

前身胸饰由衬里布和扇状折裥外形两部分构成。

1. 制作衬里

（1）贴标记带。分析款式图，在衣身上标明扇状造型线的位置，注意关键点的定位及线的走向，如图 18-28 所示。

图 18-26　完成图（侧面）

图 18-27　完成图（正面）

（2）将面料 K 对正经向辅助线后固定于人台上，做成贴体型衬里（与衣身无间隙），衬里领口应低于胸饰领口 1cm 左右；胸部余量全部集中于胸高点下端作为胸省，注意位置应避开公主线，如图 18-29 所示。

（3）做好标记，取下衬里布，对称拷贝并剪出完整裁片。

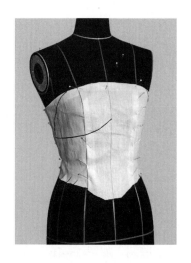

图 18-28　贴标记带

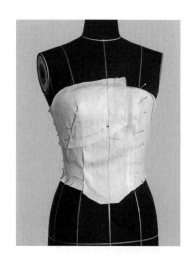

图 18-29　别合胸省

2. 制作扇状胸饰

（1）测量衬里布对应的长度，按 1.5 倍叠裥量计算，需要将面料 M 裁成图 18-30 所示的平面形状。

（2）叠裥。根据款式图特征，左、右两侧分别向中心对称叠出 7 个裥，上止口控制间距 3.5cm 左右均匀折进，折叠量约 5cm；根据折边线的走向，由中间起依次折叠下止口处的裥，间距逐渐减小，折进量逐渐加大，用大头针理顺折边线，固定下止口。完成右侧造型，效果满意后做好记号，对称拷贝，折出左侧各裥。修剪下止口，前中角位对称打斜剪口，折净缝份后与衬里布挑别固定；上止口剪去余料，是否折净可根据个人喜好选择，如图 18-31、图 18-32 所示。

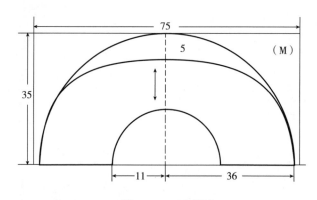

图 18-30　示意图

注：1. 外环线的确定：将前中位置下降 5cm，修正外环线。

　　2. 内环线的确定：在半径为 36cm 的半圆内裁去半径为 11cm 的同心半圆。

图 18-31 叠裥造型（一）

图 18-32 叠裥造型（二）

（七）整体造型

此款婚礼服的整体造型如图 18-33～图 18-36 所示。

（八）裁片修正

将裁片取下，分别修正各部分结构线。再将裁片按修正后的结构线别合，穿于人台上观察整体造型是否均衡、优美，有问题的部位及时进行调整。

图 18-33 完成图（正面一）

图 18-34 完成图（正面二）

图 18-35　完成图（背面）　　　　　　　　图 18-36　完成图（侧面）

（九）裁片

部分裁片展开如图 18-37 所示，全部样片拷贝纸样备用。

三、课堂练习

根据介绍的操作方法独立完成该款婚礼服的立体造型。

图 18-37　部分裁片

课后练习

参考本单元的操作方法，独立完成图18-38所示的立体造型设计。

图18-38所示款式主要在前胸部纵向放射状折顺向裥，裙身分层做环形裥，造型立体感强烈。在操作中注意控制折叠量的大小和固定点的分布情况。布花的制作请参考附录3花饰的制作方法。

图18-38　款式图

立领褶饰造型表演服立体裁剪

课程名称： 立领褶饰造型表演服立体裁剪

课程内容： 立领褶饰造型表演服立体裁剪

上课时数： 4课时

教学提示： 根据款式图分析造型特点，针对性地在人台上标明分割线及造型线的适当位置。逐项讲解衣身和裙身的内容及方法。重点分析连身立领和腰部立体皱褶的制作方法。

教学要求： 1. 要求学生能运用立体裁剪，衡量出夸张变形所需的分量，获得均衡的美感。

2. 要求学生从操作过程中了解不同褶的形态造型，做适当补正。

3. 要求学生能运用操作技法，做出适宜的服装线条。

第十九单元　立领褶饰造型表演服立体裁剪

【准备】

一、知识准备

本单元主要了解体现民族服饰文化的现代服装设计理念，学习新的造型、结构、工艺处理方法，在综合应用时请提前复习第三单元塑型方法的相关内容。

另外，需要熟悉连身立领的操作方法，请提前复习第十单元相关内容。

二、材料准备

平纹白坯布，幅宽 250cm × 长 285cm；样板纸 10 张左右；标记带适量。

将撕好的面料烫平、整方，分别画出经、纬纱向线，具体要求如图 19-1 所示。

三、工具准备

所需工具

熨斗、软尺、方格尺、曲线尺、剪刀、大头针及针插、铅笔、彩色铅笔、描线器等。

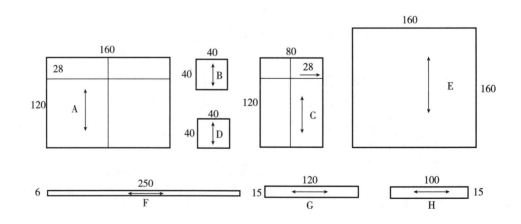

图 19-1　备料图

A—衣身前片用料　B—衣身前片育克用料　C—衣身后片用料

D—衣身前左片用料　E—裙片用料　F、G、H—布绳用料

立领褶饰造型表演服立体裁剪

一、款式说明

图 19-2 所示表演服整体廓型民族韵味浓郁，线条流畅、丰富，配以披挂的波浪褶裙，演绎出民族服饰的新概念。在设计手法上，衣身的领型采用开阔的高连身立领造型，斜向的装饰门襟，在左胸用盘扣连接，实用门襟留在右侧缝；腰部左边位置塑造立体皱褶，并做分割造型，可以与具有民族图案、色彩的面料相接，体现出时尚中国风的新理念；左肩带出冒肩短袖；披挂的褶裙上以穿绳抽缩的方式，达到在大波浪褶上出现细皱褶的效果，进一步丰富立体褶的层次。造型、结构、工艺处理上要夸张得恰到好处，突破以往中式风格服装设计的沉重感。

图 19-2 款式图

二、操作步骤与要求

（一）贴标记带

分析款式图，在人台上标明分割线及造型线的适当位置，确保设计效果。注意关键点的定位及线的走向，如图 19-3 所示。

（二）制作衣身前右片

1. 固定前片

取面料 A，臀围线以下留出约 40cm 长度，侧缝留 4cm 余量，固定左侧臀围线处；保持纬向纱线与臀围线平行，沿臀围线左、右各留出约 1.5cm 松量，固定右侧臀围线处。将上方面料顺势临时固定在人台肩部，如图 19-4 所示。

2. 抽褶

大致沿左侧腰部分割线手针串缝抽出适当褶量；调整褶量、褶位与走向，使褶集中于正面，褶量相对均匀，呈放射状；沿标记线内 0.5cm 再次抽褶固定，如图 19-5 ～图 19-7 所示。

3. 清剪

收褶位沿分割线留出 4cm 缝份，余料全部清剪，如图 19-8 所示。

4. 固定育克

取面料 B，覆盖分割线内区域，横向留 1cm 松量，侧缝腰位打斜剪口，使腰部贴合，如图 19-9 所示。

5. 修剪育克

沿分割标记线搭别育克与前片褶，留 2cm 缝份清剪余料，如图 19-10 所示。

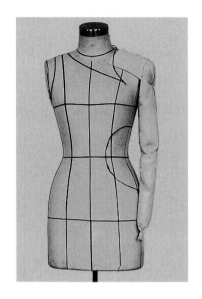

图 19-3　贴标记带

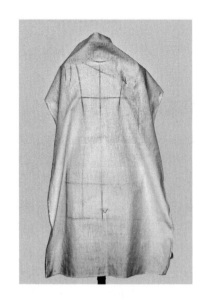

图 19-4　固定前片

图 19-5　串缝图

图 19-6　第一次抽褶

图 19-7　第二次抽褶

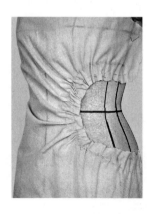

图 19-8　修剪

图 19-9　固定育克

图 19-10　修剪育克

6. 别合育克

扣折育克缝份后，与前片褶先别合上、中、下三点；理顺折边后别合整条分割线，如图 19-11 所示。

7. 修剪前右片

向上理顺左侧缝，重新固定上点；沿胸围线左、右侧缝处各留出 1.5cm 松量，固定右侧缝上点；右袖窿留出 1cm 松量，固定右肩点；留出 2cm 缝份后修剪左、右侧缝余料（腰部打几个小剪口）；沿臂根线修剪左、右袖窿，如图 19-12 所示。

8. 修剪左门襟

由上口沿前中线剪至距门襟标记线 3cm 处，转至左侧留 3cm 贴边修剪门襟，右侧为保证立领高度暂不修剪，如图 19-12 所示。

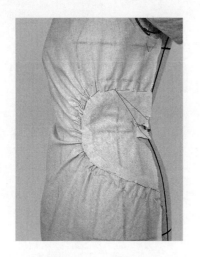

图 19-11　别合育克　　　　图 19-12　修剪前右片、左门襟

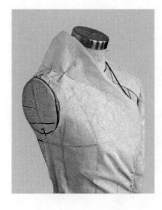

图 19-13　折领裥

9. 折领裥

右肩位公主线处平行折出两个横向小裥，裥量均为 1cm；固定裥以后，自然形成连身高立领造型，如图 19-13 所示。

10. 完成前右片

与左门襟顺接，别出右领止口，留 2cm 缝份修剪余料，按标记扣折缝份，完成前右片造型，如图 19-14 所示。

（三）制作衣身后片

1. 固定后位

取面料 C，底边与前片平齐，后中线保持经纱向，肩胛线保持纬纱向，固定后中上点及臀围点，注意满足纵向吸腰量；固定两侧肩胛位背宽点，左、右背宽各留出 1.5cm 松量，如图 19-15 所示。

2. 固定侧缝

保持两侧背宽垂线处为经纱向，胸围、腰围、臀围处分别留出约 0.7cm 松量，固定侧缝上点、腰围线与臀围线处，并在臂根底部、腰部打剪口，如图 19-16 所示。

3. 折别腰省

左、右腰部各留出约 2cm 的松量，在公主线处对称掐出腰省、做记号，然后折向后中别合固定，如图 19-17 所示。

4. 剪右袖窿

后袖窿留 0.7cm 松量固定右肩点，沿臂根线修剪袖窿。

5. 别合肩省

右侧肩部余量推至后领口中部，距颈根线约 5cm 处折别肩省，对称折别左侧肩省，使后片形成连身高立领造型，如图 19-18 所示。

图 19-14　前右片完成图

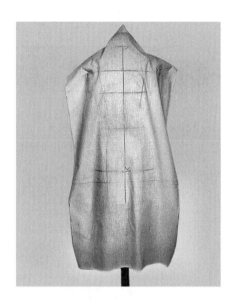

图 19-15　固定后片

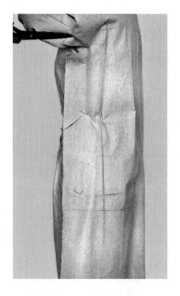

图 19-16　固定侧缝

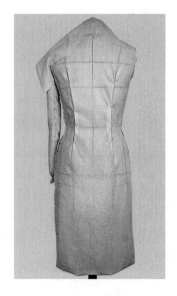

图 19-17　折别腰省

图 19-18　别合肩省

6. 合右肩缝

前、后片右肩缝理顺、搭别，全方位观察立领造型，确认满意后分别做记号折别，如图 19-19、图 19-20 所示。

7. 做袖

左侧腋下沿臂根线清剪余料；捋顺左肩部，大约在后袖窿深的中间部位带出冒肩袖，与袖窿连接处打剪口；根据款式图留出袖长度，留足袖肥（保证手臂侧平抬的活动量），清剪余料，如图 19-21 所示。

8. 做领

保证左后领片与左肩过渡自然，领高与右侧对称，修剪肩缝。

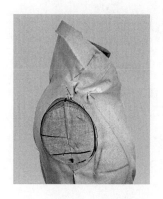 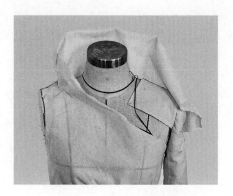 

图 19-19　合右肩缝　　　　　图 19-20　立领正面图　　　　　图 19-21　后袖完成图

（四）制作前左片

1. 固定前左片

取面料 D，使经纱向与人台前中线平行，根据造型线临时固定，如图 19-22 所示。

2. 做领

确定门襟造型，清剪余量；顺势与后领拼接，确定前领造型，如图 19-23 所示。

 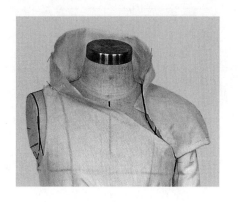

图 19-22　固定前左片　　　　　　　图 19-23　前领左侧完成图

3. 做袖

捋顺前肩部，留出前宽1cm活动量，袖肥参考后袖，袖长与后片平齐，如图19-24所示。

4. 固定门襟

此位置是装饰性门襟，根据款式做盘扣连接固定，如图19-25所示。

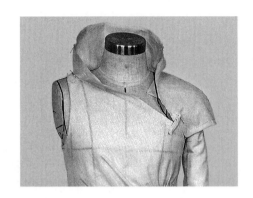

图 19-24　前左袖完成图　　　　　　图 19-25　固定门襟

（五）制作裙片

1. 剪小圆形开口

取面料 E，并在图示位置剪出圆形开口，如图19-26所示。

2. 搓布绳

取布条 F、G 和 H 单向搓紧，然后从中间对折，自然反拧成绳状备用，如图19-27所示。

3. 穿布绳

将裙片沿长对角线对折，在距腰口 50cm 处开 3cm 大扣眼，并用手针距止口 2.5cm 处平行串缝成筒状（腰口处提前折进 2cm 缝份）；将长布绳由扣眼穿入，从腰口穿出，固定下口，抽紧至约 40cm 长，固定腰口，如图 19-28 ~ 图 19-30 所示。

4. 固定布绳

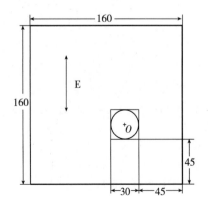

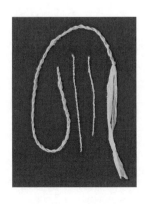

图 19-26　示意图　　　　　　　　图 19-27　搓布绳

（1）将裙片套入人台，长角在右前侧，调整布绳长度，使裙最高点位于腰节与胸高点之间，布绳的另一端翻过左肩至后中与腰口固定，如图19-31 ~ 图19-33所示。

（2）细布绳上端与长布绳固定，下端分别固定在左后侧腰口、左前侧腰口，如图19-34所示。

5. 确定底摆

整理腰口及底摆褶位与褶量，并根据款式图别出底摆位置，留足折边4cm，剪去余料。

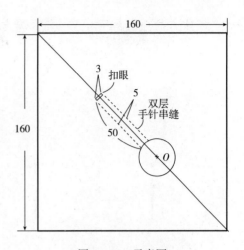

图19-28 示意图

（六）整体造型

民族风格表演服的整体造型如图19-35 ~ 图19-37所示。

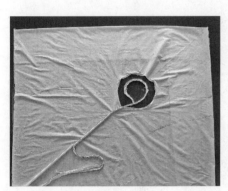

图19-29 展开图

图19-30 完成图

图19-31 调整裙位置

（七）裁片修正

将裁片取下，分别修正各部位结构线。再将裁片按修正后的结构线别合，穿于人台上观察整体造型是否均衡、优美，有问题的部位及时进行调整。

（八）裁片

裁片展开如图19-38 ~ 图19-40所示，全部拷贝纸样备用。

三、课堂练习

根据介绍的操作方法独立完成该款表演服的立体造型。

图 19-32　固定布绳正面

图 19-33　固定布绳背面

图 19-34　固定细布绳

图 19-35　完成图（正面）

图 19-36　完成图（背面）

图 19-37　完成图（侧面）

课后练习

参考本单元的操作方法，选择图 19-41、图 19-42 中任一款式，独立完成立体造型设计。

图 19-41 所示表演服整体造型极具量感，非对称设计自由、随意，膨胀披肩式衣身与

厚重的裙身相呼应。制作时采用抽缩法形成自然皱褶后披覆于肩部，为了造型的体积感可在不同的位置抽缩。裙身制作时先用面料斜向包裹，在前裙指定线处对合，再在裙身左侧采用折叠法叠出宽度为 20cm 左右的重叠块面两个。

图 19-42 所示造型是带有民族元素并极具量感的表演服。上半身贴身合体，采用立体裁剪中的衣身构成方法。连身立领的制作尤其要注意，为了保持立领的领型，可在领子立起的地方以捏合省的形式将多余的量别去。下半身通过两侧抽缩形成横向布浪，构成硕大而蓬松的裙身。整体造型上简下繁，上紧下松，简繁得当，浑然一体。

  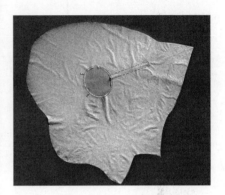

图 19-38　前身裁片　　　　图 19-39　后身裁片　　　　图 19-40　裙裁片

图 19-41　款式图　　　　　　　图 19-42　款式图

创意服装立体裁剪

课程名称： 创意服装立体裁剪

课程内容： 1. 整片式服装立体裁剪

2. 其他材料的应用

上课时数： 4 课时

教学提示： 本单元主要介绍了几类创意服装造型及款式设计，创意服装一般可以分为既定形态和非既定形态两类。既定形态的创意服装通常是指具有理性、规则性的几何结构造型，主要强调对称、渐变、比例、统一等形式的审美原理，在服装设计中强调形体结构的三维空间感，在规律中寻找一种新的变化。具体操作过程与要求详见本单元第一节；非既定形态的创意服装是指服装所具有的不规则造型结构，在创意设计方面往往表现出更多的随机性和不确定性，其非既定形态设计可以从生物形态出发，在具象仿生和抽象仿生规律中获得，并运用立体裁剪方式构造。具体操作过程与要求详见本单元第二节。创意服装更注重强调其独创性、艺术性和人文性，彰显个性美。

教学要求： 1. 要求学生能够独立分析款式并具备较强的理解能力和交流能力。

2. 要求学生在面料的选择和开发上，显现出强烈的个性追求，进行创意服装立体设计。

3. 要求学生能够将前面所学知识巧妙地融合，在制作过程中巧于构思，勇于拓展。

第二十单元　创意服装立体裁剪

[准备]

一、知识准备

　　创意服装以新颖性、独创性为主要特征，不受服装实用性的束缚，风格明确，有较强的艺术感染力。创意服装的表现手法主要包括：通过改变常规服装的款式造型，选择特殊材质的面料，对面料肌理再造，对色彩进行全新整合，以及通过特殊的装饰等，以此突显服装的独创性和特殊性。创意服装款式造型设计一般可以分为既定形态的创意服装和非既定形态的创意服装。既定形态的创意服装具有理性、规则性的几何结构造型，可以单纯从字母、图形上获取灵感，通过对称形态进行结构组合，产生不同的风格造型，也可以在局部或者细节加入省、褶、皱等工艺装饰，或者从服装的面料及色彩等方面进行艺术再造；非既定形态的创意服装由于在形态和结构线上不易界定，所以在创意设计方面往往表现出更多的随机性和不确定性，比如随意无规律的搭配组合及披挂式的穿着方式等，凸显不规则造型结构。

　　本单元主要学习通过整片式服装的立体裁剪和其他材料的应用来完成既定形态的创意服装和非既定形态的创意服装。

二、材料准备

　　本单元共需用 160cm 幅宽的平纹白坯布约 170cm，打板纸三张，标记带适量，宽度为 120cm 的包装用珍珠棉约 300cm，报纸适量。如图 20-1 所示，准备合适大小的白坯布，将撕好的面料烫平、整方，分别画出经纬纱向线。

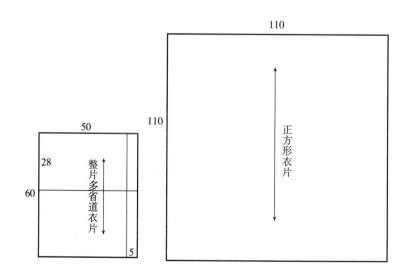

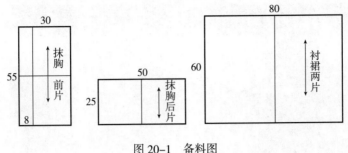

图 20-1　备料图

三、工具准备

所需工具：熨斗、软尺、格尺、曲线尺、剪刀、大头针及针插、铅笔、彩色铅笔、描线器等。

第一节　整片式服装立体裁剪

一、组合省道的应用

（一）款式说明

该款上衣基本合体，基础圆领窝，无袖，在胸高点周围有多个交叉排列的褶裥，具体款式如图 20-2 所示。

（二）操作步骤与要求

1. 贴标记带

根据款式要求在人台上贴出各褶裥的定位标记，如图 20-3 所示。

2. 固定衣片

取整片多省道衣片备料，将布面十字与前中与胸围线对齐固定前中上下点，如图 20-4 所示。

3. 修剪

修剪圆领口，可适当打剪口以铺平领口位置，推平肩部，固定肩点，修剪肩线，顺着基础袖窿位置修剪袖窿直到褶裥 A 起点位置，对着该点打剪口，如图 20-5 所示。

图 20-2　款式图

4. 叠裥 A

对着剪口位置旋转衣片，叠出 A 裥量，如图 20-6 所示。

5. 剪开裥 A

在裥 E 的位置，上端衣片保留 1cm 缝份，顺着 E 线的位置开剪，剪至裥 A 的中心线位置，然后将裥 A 的中心线剪至超过裥 B 与 A 的交点后停，如图 20-7 所示。

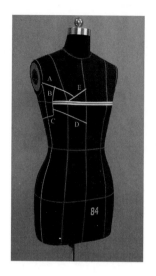

图 20-3　贴标记带　　　　　　　　　　图 20-4　固定衣片

图 20-5　修剪　　　　　　　图 20-6　叠裥 A　　　　　　图 20-7　剪开裥 A

6. 制作裥 C

修剪侧缝，对着裥 C 与侧缝的交点打剪口，旋转衣片叠出裥 C，如图 20-8 所示。

7. 剪开裥 B

沿着裥 B 所在位置，留 1cm 缝份剪开至裥 C 中线，如图 20-9 所示。

8. 制作裥 D

腰部铺平，修剪腰线下余量，并在前中留 2cm 缝份从下向上剪至裥 D 与中心线交点处，对着该点打剪口，并旋转出 D 裥量，如图 20-10 所示。

9. 合裥 B

将裥 D 在裥 B 上的量固定好，修剪余量后，将裥 B 连接固定，如图 20-11 所示。

10. 修剪

继续修剪前中，直到超过裥 E 与前中的交点 1cm 处，转而修剪轮廓内下端面料，在裥 E 和裥 A 线上留至少 1cm 缝份量，如图 20-12 所示。

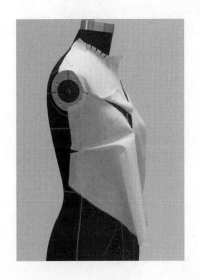

图 20-8　制作裥 C　　　　　　　　　图 20-9　剪开裥 B

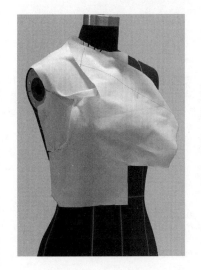

图 20-10　制作裥 D　　　　图 20-11　合裥 B　　　　图 20-12　修剪

11. 合裥 A

将上下两端的衣片在裥 A 位置上压下连接固定，如图 20-13 所示。

12. 固定裥 E

将上下两端的衣片在裥 E 位置下压上连接固定，超过裥 A 部分自由散开，不做固定，如图 20-14 所示。

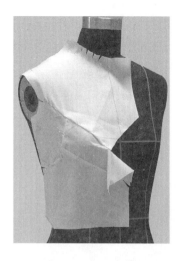

图 20-13　合裥 A

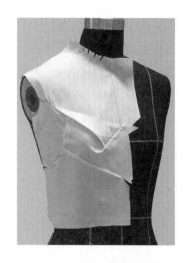

图 20-14　固定裥 E

图 20-15　完成图（正面）

图 20-16　完成图（前侧）

图 20-17　裁片

图 20-18　款式图

13. 完成衣片

折净衣片前中，作轮廓线及各裥位记号，完成衣身造型，如图 20-15、图 20-16 所示。

14. 裁片

取下衣片，进行平面修正，得到裁片如图 20-17 所示。拷贝纸样留用。

二、正方形的整体应用

（一）款式说明

如图 20-18 所示，此款上衣属于"一块布"的设计理念在立体裁剪中的创意表达。利用边长约 100cm 的正方形面料自然的造型状态在人台上进行披挂缠绕设计，运用不同的叠褶方法对余量进行有规律或无规律的反复折叠起褶，形成丰富、舒展、连续不断的纹理状态。

（二）操作步骤与要求

具体操作过程如图 20-19 ~ 图 20-28 所示，不作描述。

三、课堂练习

参考以上方法，进行正方形造型的拓展性设计。

图 20-19　披挂　　　　　　　　　　图 20-20　基础领口

图 20-21　领口设计　　　　　图 20-22　修剪袖窿　　　　　图 20-23　整理衣褶

图 20-24　前中叠裥设计

图 20-25　两侧叠裥设计

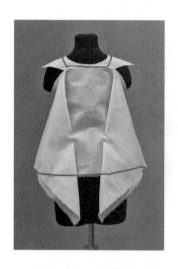

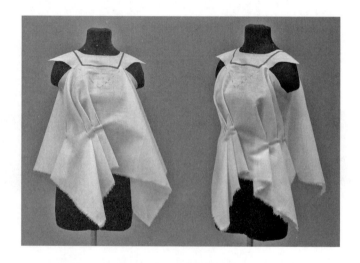

图 20-26　下摆设计

图 20-27　斜线叠裥设计

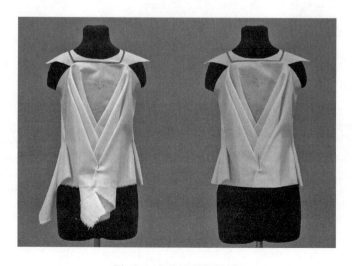

图 20-28　交叉叠裥设计

第二节　其他材料的应用

一、珍珠棉的应用

（一）款式说明

如图 20-29 所示，此款服装突破传统服装的设计思维，以结构设计和新型材质进行工艺装饰为重点。从材质上进行创新，运用包装用珍珠棉进行立体裁剪，采用折叠、堆积的表现方法，增加服装的立体感和艺术表现性。

（二）操作步骤与要求

具体操作过程如图 20-30 ~ 图 20-38 所示，不作描述。

图 20-29　款式图

图 20-30　固定

图 20-31　前身及侧面叠褶设计

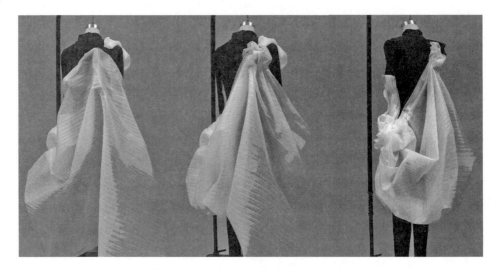

图 20-32　后身叠褶设计

图 20-33　前身下摆设计　　　　　图 20-34　领口加纱　　　　　图 20-35　完成图（正面）

二、报纸的应用

（一）款式说明

如图 20-39 所示，此款表演服运用各种特殊材质，创造与材料相得益彰的造型形态。将报纸和纱的硬性形态和软体形态相结合，进行重复、渐变、密集等韵律构成，形成丰富的视觉效果。在表现技法上，通过折叠、穿插、分割、叠加、褶皱等立裁方法形成褶皱和自然波浪的立体效果，以数层相加层层覆盖呈现一种花朵的层叠和蝴蝶飞舞的立体绽放的感觉。

（二）操作步骤与要求

具体操作过程如图 20-40 ～图 20-46 所示，不作描述。

图 20-36　完成图（背面）

图 20-37　完成图（左侧）

图 20-38　完成图（右侧）

图 20-39　款式图

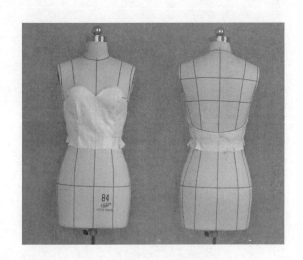

图 20-40　抹胸制作

图 20-41　衬裙制作

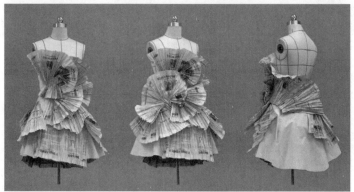

图 20-42　加报纸装饰片

图 20-43　裙身加装饰纱

图 20-44　完成图（正面）　　　图 20-45　完成图（侧面）　　　图 20-46　完成图（背面）

课后练习

参考本章介绍的立体裁剪方法，采用面料或其他材料，独立进行创意性服装的立体造型设计。

参考文献

［1］四唐妮·阿曼达·克劳福德. 美国经典立体裁剪. 基础篇［M］. 张玲，译. 北京：中国纺织出版社，2003.

［2］海伦·约瑟夫·阿姆斯特朗. 美国经典立体我剪. 提高篇［M］. 张浩，郑峡，译. 北京：中国纺织出版社，2003.

［3］小池千枝. 文化服装讲座——立体裁剪［M］. 白树敏，王凤岐，译. 北京：中国轻工业出版社，2006.

［4］吴经熊，张繁荣. 最新服装配领技术［M］. 合肥：安徽科学技术出版社，2005.

［5］日本文化服装学院. 服装造型讲座3——女衬衣/连衣裙［M］. 张祖芳，等，译. 上海：东华大学出版社，2004.

［6］三吉满智子. 服装造型学. 理论篇［M］. 郑嵘，张浩，韩洁羽，译. 北京：中国纺织出版社，2006.

［7］中屋典子，三吉满智子. 服装造型学. 技术篇Ⅰ［M］. 孙兆全，刘美华，金鲜英，译. 北京：中国纺织出版社，2004.

［8］中屋典子，三吉满智子. 服装造型学. 技术篇Ⅱ［M］. 孙兆全，刘美华，译. 北京：中国纺织出版社，2004.

［9］中屋典子，三吉满智子. 服装造型学. 礼服篇［M］. 刘关华，金鲜英，金玉顺，译. 北京：中国纺织出版社，2006.

［10］张文斌. 服装结构设计［M］. 北京：中国纺织出版社，2006.

［11］张文斌. 瑰丽的软件雕塑［M］. 上海：上海科学技术出版社，2007.

［12］张祖芳. 服饰配件设计［M］. 上海：上海人民美术出版社，2007.

［13］刘晓刚. 时装设计艺术［M］. 上海：东华大学出版社，2005.

［14］胡毅. 现代礼服构成的技术方法研究［D］. 苏州：苏州大学，2008.

［15］崔静. 立体裁剪中创意思维的研究及应用［D］. 北京：北京服装学院，2010.

［16］安妮特·费舍尔. 时装设计元素：结构与工艺［M］. 刘莉，译. 北京：中国纺织出版社，2010.

［17］魏静. 礼服设计与立体造型［M］. 北京：中国纺织出版社，2011.

［18］刘雁. 创意立体裁剪［M］. 上海：东华大学出版社，2011.

［19］郭琦. 服装创意面料设计［M］. 上海：东华大学出版社，2013.

［20］张涛，信玉峰. 婚纱礼服设计［M］. 重庆：西南师范大学出版社，2014.

［21］白琴芳，章国信. 高级女装立体裁剪. 基础篇［M］. 北京：中国纺织出版社，2016.

［22］王建明. 意大利立体裁剪技巧［M］. 北京：化学工业出版社，2017.

［23］刘咏梅，张文斌．服装立体裁剪．基础篇［M］．上海：东华大学出版社，2009.

［24］刘咏梅，张文斌．服装立体裁剪．礼服篇［M］．上海：东华大学出版社，2013.

［25］刘咏梅，张文斌．服装立体裁剪．创意篇［M］．上海：东华大学出版社，2016.

［26］邱佩娜．创意立裁［M］．北京：中国纺织出版社，2014.

附录一　针插的缝制

针插形状根据喜好设计，常用的有圆形、方形，还可设计成花形或动物造型。进行立体裁剪操作时，针插可以套于左手手腕或手背上，也可以固定于人台上方便取用的位置。

为保证安全，针插底部需要硬的厚纸板，避免针穿透伤人。纸板按照设计的造型剪成适合大小（净样）。具体制作方法如下。

一、备料

1. 纸板

卡纸适量，根据所需造型剪出净样，需要两层。

2. 面布

为造型好，建议选用弹性面料；颜色宜深，与针头对比明显。应避免用起绒类织物，不易看清针头。

裁剪底布，四周较纸板大出约 1cm 缝份；面布根据造型考虑针插的厚度（至少 3.5cm）裁成适当形状，四周留出缝份，如果面料有弹性，可适当减小尺寸。

3. 填充物

要求质软且易于针的出入，可用棉花、膨松棉等，最佳的填充物是头发（附图 1）。

附图 1　缝制针插所需材料

二、缝制

1. 缝合

沿面布净线串缝抽缩，使其长度与底布净线周长相等；面布与底布正面相对，沿净线缝合（也可夹入花边），留出 3 ~ 4cm 开口，如附图 2 所示。

2. 填充

缝合时，在两侧对称的位置上夹进长约 8cm 松紧带或皮筋；由开口处翻正，将纸板插入，将准备好的填充物加入至饱满，如附图 3 所示。

附图 2 缝合　　　　　　　　　　　附图 3 填充

3. 封口

手针缝合开口，针插缝制完毕，如附图 4 所示。

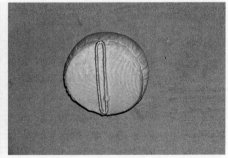

附图 4 针插完成图

附录二　手臂的缝制

常用人台一般只有躯干部分，而使用时手臂部分是不可缺少的。缝制的手臂形状与实际接近，由棉絮填充而成，富有弹性，与人台有稳固的连接部分，而且很方便安装与拆卸。通常只需要右臂，也可缝制左臂备用。

一、手臂平面图

为使手臂形状接近实际，需分内侧、外侧两部分。为增大适用范围，手臂略取长。手臂平面图如附图 5 所示。

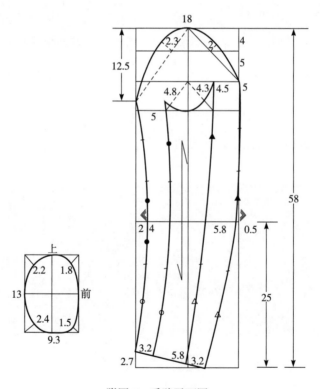

附图 5　手臂平面图

二、裁剪

使用中厚的平纹白坯布缝制手臂。

（一）备料

撕取长度为臂长 +10cm 的面料，撕去布边，撕成宽 25cm、15cm 两条，整烫好备用。

（二）制作

1. 画线

距布边约 12cm 沿经纱向画线，贯穿其长度。

2. 对位

将手臂样板的中线与画线对齐，上端留出 3cm，沿中线将样板与坯布别合固定。

3. 拷贝

在坯布正反面均放置复写纸，用描线器拷贝外侧片轮廓线及基本线，如附图 6 所示（注意对位记号的拷贝，而且必须双面拷贝）。

采用相同方法拷贝内侧小片、臂根截面挡布。

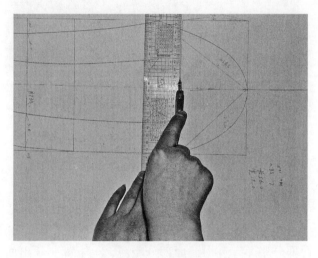

附图 6　双面拷贝

4. 裁剪

留出所需缝份，裁剪样片。缝份具体要求为山头部分 2cm，下口 5cm，侧缝 1cm，臂根截面挡布四周留 2～3cm，如附图 7 所示。

5. 定型（附图 8）

（1）拔前侧：在外侧片前侧肘线上下两对位点之间做适量剪口，用熨斗拔开至与内侧片等长，使其能自然折回呈下臂前倾状。

（2）归后侧：在外侧片后侧肘线上下对位点之间拱针小针脚（机器大针脚）抽缩至与内侧片等长，在熨烫馒头上归烫圆顺。

（3）抽挡布：将手臂截面挡布距净线约 1cm 处串缝抽缩。

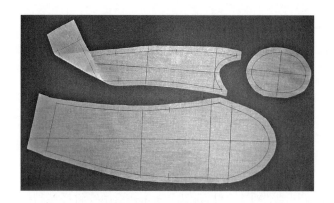

附图7　裁剪手臂面布

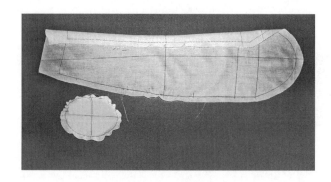

附图8　裁片定型

6. 缝合

将归拔好的内、外侧片用平缝机缝合侧缝，注意保持归拔效果。

7. 填充

（1）准备棉絮约 80～100 克，要求用面积较大而平薄的优质棉絮。

（2）絮棉。取一张比手臂略长、略宽的薄纸垫在桌子上（纸要光滑），将棉絮一层一层铺平呈手臂状，上臂部分略厚，臂根截面部分略薄，上下都要长出面布，棉絮厚薄过渡自然，保证平服，如附图 9 所示。

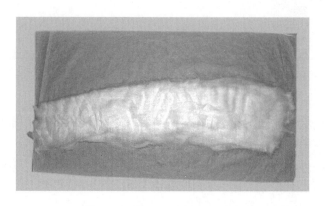

附图9　棉絮

（3）填充。用薄纸将棉絮卷成手臂状（比手臂略细），装入面布内；轻拍，使卷纸松动；左手由手臂下端抓住棉絮，右手从上端轻轻将薄纸抽出；轻轻拍、搓手臂，使棉絮与面布服帖、自然，如附图10、附图11所示。

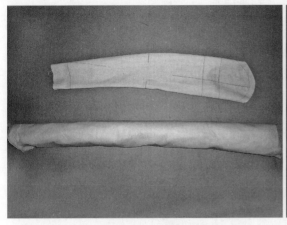
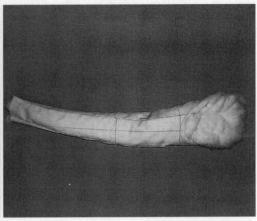

附图 10 卷棉絮   附图 11 填充手臂

8. 装臂根截面挡布

（1）将臂根截面处多余棉絮轻轻撕去，厚度不合适的部位做调整。

（2）将挡板装入挡布，抽紧挡布，并将四周缝份由反面拉缝固定。

（3）拱针抽缝面布山头部分，使其周长与挡板相同，如附图12所示。

（4）固定上、下、前、后对位点，调整好山头吃势。

（5）手针缲缝挡布与面布山头，针脚要求细密均匀。

9. 收下口

去掉手臂下端多余棉絮，臂长线下约2cm处拱针抽缩收至约5cm，如附图13所示。

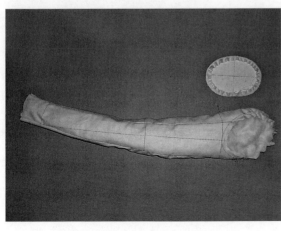
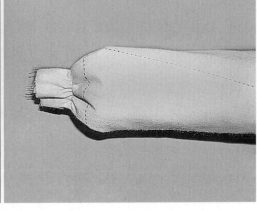

附图 12 抽缝山头   附图 13 收下口

10. 装肩布（附图 14、附图 15）

（1）裁肩布。

（2）缝肩布。将肩布对折，缝两端翻正备用。

（3）固定肩布。将肩布一端对齐挡板前对位点，另一端比齐挡板后对位点，毛边超出挡板约1cm，沿挡板边缘倒回针固定肩布与挡布，针脚细密、均匀。

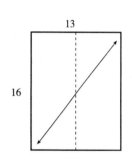

附图 14　肩布平面结构

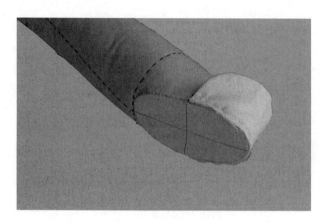

附图 15　固定肩布

三、装手臂

将手臂截面与人台臂根截面贴合，调整好前后位置，拉紧肩布，并在前、后两角处双针固定，如附图 16 所示。

从肩布开始与肩线同位贴附标记带，至山头处沿手臂中线贴至手腕，如附图 17 所示。

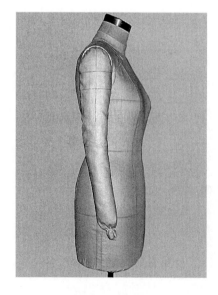

附图 16　装手臂

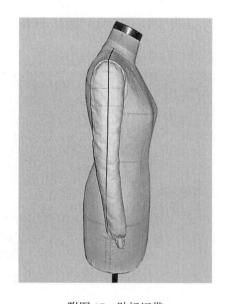

附图 17　贴标记带

附录三　局部装饰的制作

一、绳带类

（一）编小辫

如附图 18 所示，取一定宽度且等长的布条（线绳）三条或三条以上，以一定规律编结成型。

（二）藤萝花边

如附图 19 所示，取适当长和宽的布条，折光毛边后对折，以略小于宽度的间距沿长度做记号。由右端起针，先挑缝上、下止口对应点，抽紧后再隐蔽前进一格，挑缝中间点，与前一针抽紧固定；如此循环，完成花边，如附图 20 所示。

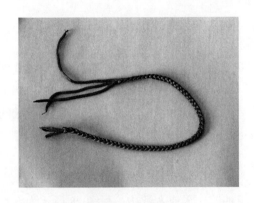

附图 18　编小辫

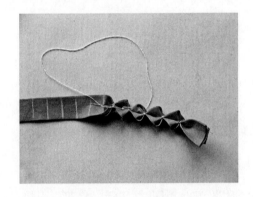

附图 19　三点挑缝固定

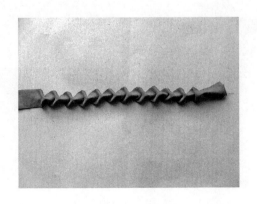

附图 20　完成图

（三）叠小辫

如附图 21 所示，取适当长和宽的布条，沿长度方向折光毛边并对折，在中间部位呈 90° 折叠，两侧依次压折成型，如附图 22 所示。小辫有很好的伸缩性，如果需要固定，可以折叠后在中心处缝线，以线的长度来确定小辫拉开的长度。

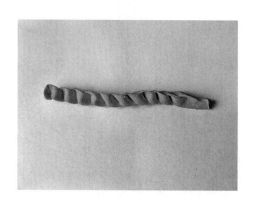

附图 21　两侧压折　　　　　　　　　　　　附图 22　完成图

二、花边类

（一）荷叶边

如附图 23、附图 24 所示，荷叶边通常是由拉直的圆环形成，圆环的大小圆半径差即为荷叶边的宽度，可通过调整内圆的半径来改变荷叶边外围波浪的大小。服装中也常用螺旋的圆环来制作荷叶边，形成逐渐增大的波浪效果。附图 25 所示为用三层螺旋环制作而成的门襟装饰花边。

（二）木耳边

如附图 26、附图 27 所示，将双层面料对折后抽缩，形成木耳边。附图 28 所示为木耳边在领口的不对称装饰，附图 29 所示为木耳边经卷绕后制成的花饰。

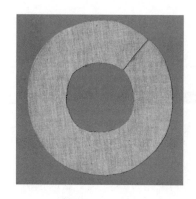
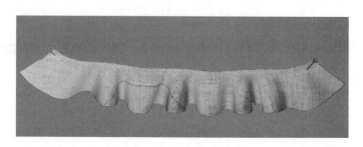

附图 23　圆环　　　　　　　　　　　　　　附图 24　荷叶边

附图 25　荷叶边装饰的门襟

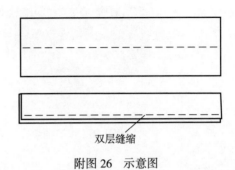

双层缝缩

附图 26　示意图

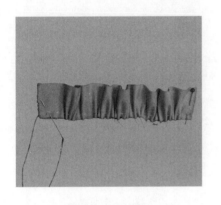

附图 27　完成图

附图 28　领口的不对称装饰

附图 29　木耳边卷绕后
制成的花饰

三、花饰类

（一）抽缩

1. 单层抽花

如附图 30、附图 31 所示，取适当长和宽的直布条，手针沿一侧串缝，抽紧后从一端卷折，自然形成花朵造型。

2. 双层抽花

如附图 32 所示，在梯形面料上以点 0 为起点，点 5 为终点，点 1、2、3、4 分别与点 1′、2′、3′、4′ 对齐缝合后，抽缩卷绕形成双层抽花造型，如附图 33 所示。

3. 对角抽花

如附图 34～附图 37 所示，取方形面料，对角折起打结，另两个角分别从结下反向抽出，整理中间花型，系于领部作为装饰，也可用于其他部位的装饰。

附图 30　串缝抽缩

附图 31　完成图

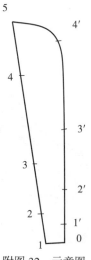

附图 32　示意图

附图 33　完成图

附图 34　对角打结

附图 35　对角反向抽出

附图 36　整理花型

附图 37　完成效果

（二）折叠

1. 玫瑰花

如附图38、附图39所示，将折净的布条或丝带由内向外边折边卷形成花型饱满的玫瑰花效果。

2. 百合花

如附图40、附图41所示，按此方法可折出四瓣的百合花造型。

附图38 折卷布条

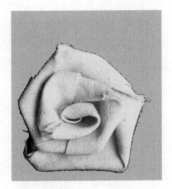

附图39 完成图

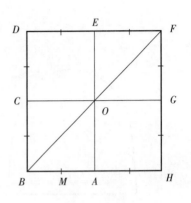

附图40 示意图

M为各区域中点

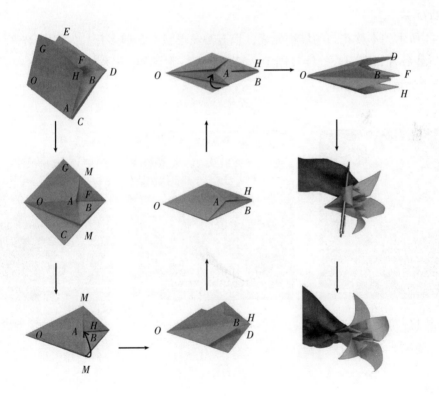

附图41 折叠百合花

（三）组合

1. 拼接组合

如附图42所示，用宽和高接近的半椭圆形状做花瓣，可随意设置拼接个数，在底边抽缩后组合。附图43所示为双层拼接组合花饰，上层为四瓣造型，下层为五瓣造型，花心处用包扣遮挡缝缩线迹。

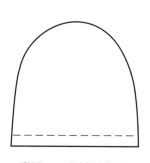

附图42　花瓣示意图

附图43　完成图

2. 堆积组合

附图44所示为本款花饰的堆积元素，呈五瓣花形状，裁剪多片。如附图45所示沿中心点不对称折叠各片，在中心处连接固定，整理花型。附图46所示为成品效果，此类花常用非织造布制作。

附图44　单个花瓣

附图45　折叠固定

附图46　完成图

四、蝴蝶结

蝴蝶结是服装上最常见的装饰品，可用于服装的多个部位，且因其百变的形式而受到设计师的青睐，以下介绍几款常见的蝴蝶结造型。

（一）经典款

1. 备料

如附图 47 所示，外框为面料大小，内部阴影约为成品大小，根据需要的成品大小裁剪面料，注意比例要恰当。

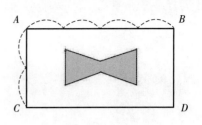

附图 47 示意图

2. 缝制

附图 48 ～附图 51 所示为蝴蝶结缝制步骤。

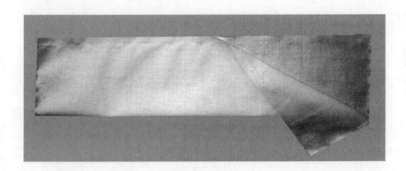

附图 48 合筒

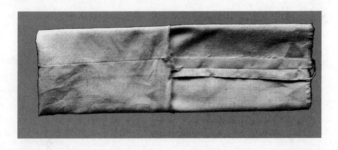

附图 49 翻正

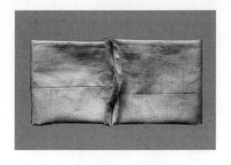

附图 50 连接两端

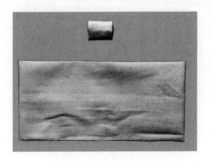

附图 51 折叠装套

附图 52　完成图

3. 完成造型

如附图 52 所示为经典款式的蝴蝶结外观。

（二）燕尾式

1. 备料

如附图 53 所示，裁两片梯形面料，面料的长和宽可根据需要成品外观尺寸自行设定，不同的长宽比将呈现不同的外观，美感各有千秋。

2. 缝制

如附图 54 所示，将两片面料反面缉缝，中间留 2cm 的开口，翻正熨烫后穿入上款蝴蝶结绑套中，手针固定位置，得到燕尾式蝴蝶结。

开口

附图 53　用料示意图

附图 54　完成图

（三）翻角蝴蝶结

如附图 55 所示裁剪面料，将两片面料反面缉缝，从开口处翻正熨烫后加入绑套固定即得到翻角蝴蝶结，如附图 56 所示。

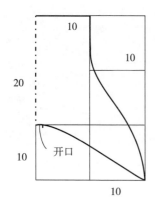

附图 55　用料示意图

附图 56　完成图

（四）双层蝴蝶结

如附图 57 所示，取两块大小不等、修过圆角的长方形面料，黏衬后中线处打褶，穿入绑套中并用手针固定位置，即得到双层蝴蝶结，如附图 58 所示。

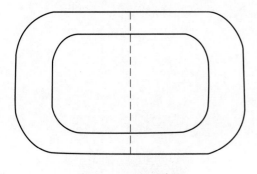

附图 57　用料示意图

附图 58　完成图